/科技部推荐优秀科普图书/

# 珍奇生物

总顾问 冯天瑜 钮新强
总主编 刘玉堂 王玉德

李卫星 编著

# 长江文明馆献辞
## （代序一）

冯天瑜

无边落木萧萧下，
不尽长江滚滚来。
——杜甫《登高》

江河提供人类生活及生产不可或缺的淡水，并造就深入陆地的水路交通线，江河流域得以成为人类文明的发祥地、现代文明繁衍畅达的处所。因此，兼收自然地理、经济地理、人文地理旨趣的流域文明研究经久不衰。尼罗河、幼发拉底—底格里斯河、印度河、恒河、莱茵河、多瑙河、伏尔加河、亚马孙河、密西西比河、黄河、珠江等河流文明，竞相引起世人关注，而作为中国“母亲河”之一的长江，更以丰饶的自然秉赋、悠远深邃的文化积淀、广阔无垠的发展前景，理所当然成为江河文明研究的翘楚。历史呼唤、现实诉求，长江文明馆应运而生。她以“长江之歌 文明之旅”为主题，以水孕育人类、人类创造文明、文明融于生态为主线，紧紧围绕“走进长江”、“感知文明”和“最长江”三大核心板块，利用现代多媒体等手段，全方位展现长江流域的旖旎风光、悠久历史和璀璨文明。

干流长度居亚洲第一、世界第三的长江，地处亚热带北沿，人类文明发生线——北纬30° 线横贯流域。而此纬线通过的几大人类古文明区（印度河流域、两河流域、尼罗河流域等）因副热带高压控制，多是气候干热的沙漠地带，作为文明发展基石的农业仰赖江河灌溉，故有“埃及是尼罗河赠礼”之说。然而，长江得大自然眷顾，亚洲大陆中部崛起的青藏高原和横断山脉阻挡来自太平洋季风的水汽，凝集为巫山云雨，致使这里水热资源丰富，最适宜人类生存发展，是中国乃至世界自然禀赋优越、经济文化潜能巨大的地域。

长江流域的优胜处可归结为“水”—“通”—“中”三字。

冯天瑜

一、淡水富集

长江干流、支流纵横，水量充沛，湖泊星罗棋布，湿地广大，是地球上少有的亚热带淡水富集区，其流域蕴蓄着中国35%的淡水资源、48%的可开发水电资源。如果说石油是20世纪列国依靠的战略物资，那么，21世纪随着核能及非矿物能源（水能、风能、太阳能等）的广为开发，石油的重要性呈缓降之势，而淡水作为关乎生命存亡而又不可替代的资源，其地位进一步提升。当下的共识是：水与空气并列，是人类须臾不可缺的“第一资源”。长江的淡水优势，自古已然，于今为烈，仅以南水北调工程为例，即可见长江之水的战略意义。保护水生态、利用水资源、做好水文章，乃长江文明的一个绝大题目。

二、水运通衢

在水陆空三种运输系统中，水运成本最为低廉且载量巨大。而长江的水运交通发达，其干支流通航里程达6.5万千米，占全国内河通航里程的52.5%，是连接中国东中西部的“黄金水道”，其干线航道年货运量已逾十亿吨，超过以水运发达著称的莱茵河和密西西比河，稳居世界第一位。长江中游的武汉古称“九省通衢”，即是依凭横贯东西的长江干流和南来之湖湘、北来之汉水、东来之鄱赣造就的航运网，成为川、黔、陕、豫、鄂、湘、赣、皖、苏等省份的物流中心，当代更雄风振起，营造水陆空几纵几横交通枢纽和现代信息汇集区。

三、文明中心

如果说中国的自然地理中心在黄河上中游，那么经济地理、人口地理中心则在长江流域。以武汉为圆心、1000千米为半径画一圆圈，中国主要大都会及经济文化繁荣区皆在圆周近侧。居中可南北呼应、东西贯通、引领全局，近年遂有“长江经济带”发展战略的应运而兴。长江经济带覆盖中国11个省（市），包括长三角的江浙沪3省（市）、中部4省和西南4省（市）。11省（市）GDP总量超过全国的4成，且发展后劲不

可限量。

回望古史，黄河流域对中华文明的早期发育居功至伟，而长江流域依凭巨大潜力，自晚周疾起直追，巴蜀文化、荆楚文化、吴越文化与北方之齐鲁文化、三晋文化、秦羌文化并耀千秋。龙凤齐舞、国风—离骚对称、孔孟—老庄竞存，共同构建二元耦合的中华文化。中唐以降，经济文化重心南移，长江迎来领跑千年的辉煌。近代以来，面对“数千年未有之大变局”，长江担当起中国工业文明的先导、改革开放的先锋。未来学家列举“21世纪全球十大超级城市”，依次为：印度班加罗尔、中国武汉、土耳其伊斯坦布尔、中国上海、泰国曼谷、美国丹佛、美国亚特兰大、墨西哥昆坎—图卢姆、西班牙马德里、加拿大温哥华。在可预期的全球十大超级城市中，竟有两个（武汉与上海）位于长江流域，足见长江文明世界地位之崇高、发展前景之远大。

为着了解这一切，我们步入长江文明馆，这里昭示——

一道天造地设的巨流，怎样在东亚大陆绘制兼具壮美柔美的自然风貌；

一群勤勉聪慧的先民，怎样筚路蓝缕，以启山林，开创丰厚优雅的人文历史。

（作者系长江文明馆名誉馆长、武汉大学人文社科资深教授）

# 一馆览长江 水利写文明
## （代序二）

钮新强

“你从雪山走来，春潮是你的风采；你向东海奔去，惊涛是你的气概……”一首《长江之歌》响彻华夏，唱出中华儿女赞美长江、依恋长江的深厚情感。

深厚的情感根植于对长江的热爱。翻阅长江，她横贯神州6300千米，蕴藏了全国1/3的水资源、3/5的水能资源，流域人口和生产总值均超过全国的40%；她冬寒夏热，四季分明，沿神奇的北纬30º延伸，形成了巨大的动植物基因库，蕴育了发达的农业，鱼儿欢腾粮满仓的盛景处处可现；她有上海、武汉、重庆、成都等国之重镇，现代人类文明聚集地如颗颗明珠撒于长江之滨；她有神奇九寨、长江三峡、神农架等旅游胜地，多少享誉世界的瑰丽美景纳入其中；她令李白、范仲淹、苏轼等无数文人墨客浮想联翩，写下无数赞美的词赋，留下千古诗情。

长江两岸中华儿女繁衍生息几千年，勤劳、勇敢、智慧，用双手创造了令世人瞩目的巴蜀文明、楚文明及吴越文明。这些文明如浩浩荡荡的长江之水，生生不息，成为中华文明重要组成部分。

人类认识和开发利用长江的历史，就是一部兴利除弊的发展史，也是长江文明得以丰富与传承的重要基石。据史料记载，自汉代到清代的2100年间，长江平均不到十年就有一次洪水大泛滥，历代的兴衰同水的涨落息息相关。治国先必治水，成为先祖留给我们的古训。

为抵御岷江洪患，李冰父子筑都江堰，工程与自然的和谐统一，成就了千年不朽，成都平原从此“水旱从人、不知饥馑”,天府之国人人神往。

一条京杭大运河，让两岸世世代代的子孙受惠千年。今天，部分河段化身为南水北调东线调水的主要通道，再添新活力，大运河成为连接古今的南北大命脉。

新中国成立以后，百废待兴，党和政府把治水作为治国之大计，长江的治理开发迎来崭新的时代。万里长江，险在荆

江。1953年完建的荆江分洪工程三次开闸分洪，抗击1954年大洪水，确保了荆江大堤及两岸人民安全。面对'54洪魔带来的巨大创伤，长江水利人开启长江流域综合规划，与时俱进，历经3轮大编绘，使之成为指导长江治理开发的纲领性文件。

“南方水多，北方水少，能不能从南方借点水给北方？”毛泽东半个多世纪前的伟大构想，是一个多么漫长的期盼与等待呀。南水北调的蓝图，在几代长江水利人无悔选择、默默坚守、创新创造中终于梦想成真，清澈甘甜的长江水在“人造天河”里欢悦北去，源源不断地流向广袤、干渴的华北平原，流向首都北京，流向无数北方人的灵魂里。

新中国成立以来，从长江水利人手中，长江流域诞生了新中国第一座大型水利工程——丹江口水利枢纽工程、万里长江第一坝——葛洲坝工程、世界最大的水利枢纽——三峡工程。与此同时，沉睡万年的大小江河也被一条条唤醒，以清江水布垭、隔河岩等为代表的水利工程星罗棋布，嵌珠镶玉。这是多么艰巨而充满挑战、闪烁智慧的治水历程!也只有在这条巨川之上，才能演绎出如此壮阔的治水奇观，孕育出如此辉煌的水利文明，为古老的长江文明注入新的动力!

当前，长江经济带战略、京津冀协同发展战略及一带一路建设正加推提速，长江因其特殊的地理位置与优质的资源禀赋与三大战略（建设）息息相关，长江流域能否健康发展关系着三大战略（建设）的成败。因此，长江承载的不仅是流域内的百姓富强梦，更是中华民族的伟大复兴梦。长江无愧于中华民族母亲河的称号，她的未来价值无限，魅力永恒。

武汉把长江文明馆落户于第十届园博会园区的核心区，塑造成为园博会的文化制高点和园博园的精神内核，这寄托着武汉对长江的无比敬重与无限珍爱。可以想象，长江文明馆开放之时，来自五湖四海的人们定将发出无比的惊叹：一座长江文明馆，半部中国文明史。

（作者系长江文明馆名誉馆长，中国工程院院士、长江勘测规划设计研究院院长）

# 前言

你从雪山走来，春潮是你的风采；
你向东海奔去，惊涛是你的气概。
……
你从远古走来，巨浪荡涤着尘埃；
你向未来奔去，涛声回荡在天外。

长江，中华民族的母亲河，从雪域高原涓涓细流起步，以百折不挠、水滴石穿的毅力，一路容纳大小支流，终成我国的第一大河。其风采，其气概，其有容乃大、无欲则刚的品质，令人神往，令人感叹。

长江发源于唐古拉雪山主峰各拉丹冬，干流自西向东，横穿青海、西藏、四川、云南、重庆、湖北、湖南、江西、安徽、江苏、上海 11 个省（自治区、直辖市），支流辐辏南北，延伸至贵州、甘肃、陕西、河南、广西、广东、福建和浙江 8 个省（自治区）。干流全长 6300 余千米，流域面积 180 万平方千米，无论从长度、流域面积，还是水量来看，长江都位居全国第一，也是世界著名大河之一。

自古以来，长江流域物华天宝，人杰地灵，受大自然的眷顾，这里蕴藏了无尽的宝藏。在长江流域不到全国五分之一的土地上，繁衍了全国三分之一的人口、生产了三分之一的粮食，创造了三分之一的 GDP。

长江流域适宜的气候、复杂的地形，充沛的水源，为多种生物的繁衍生息提供了理想的条件。无论是粮食作物、经济作物，还是珍稀野生动植物群落、物种和数量，长江流域均在全国占有极大比重。截止到 2014 年，全流域已建立了 100 多处保护目标的自然保护区，古老珍稀的孑遗植物如水杉、银杉、珙桐，硕果仅存的动物大熊猫、金丝猴、朱鹮等驰名中外。流域内共有淡水鱼类 378 种，包括长江特有鱼类 142 种，国家一、二级重点保护水生野生动物 14 种，其中白鳍豚、中华鲟、扬子鳄、白鲟和胭脂鱼等是我国的特有种类。

为了便于读者感受长江流域的珍奇生物，同时不致使本书内容过于驳杂，本书在结构的安排上，首先分为植物和动物两章，在动物章中，细分为鱼类、两栖及爬行类、鸟类、食肉类、食草类及其他类等；在植物章中，细分为裸子植物、被子植物和其他类，共为九节。

由于长江流域的生物资源十分丰富，全国大多数的一级、二级保护动植物在流域内都有分布，限于篇幅，也限于知识结构，我们不可能一一道来，只能从中挑选最具代表性的重要生物，对其主要特征进行概述。同时由于诸多物种的数量每年都在变化，资料来源不同、统计的时间不同，获取资料的渠道不同，所得到的数据也不同。我们不可能获得所有的文字资料，也不可能对这些数据一一查实，因此在许多情况下不得不借助于网络及新闻媒体。为了保证其权威性，我们尽可能地参照权威文献、权威媒体，以及可信度较高的权威网站，同时发挥互联网作用，对那些确实重要，但一时查不到文字依据，或文字依据语焉不详的物产，则适合采用网上资料予以补充。

由于作者水平有限，不妥之处难以避免，在此还请读者海涵。

现在，让我们从雪域高原的大江源头开始，顺着滚滚的江流，走入长江流域这个巨大的物产宝库……

# 目　录


野生动物 / 1

鱼　类 / 2

鱼类化石——中华鲟 / 2

亚洲美人鱼——胭脂鱼 / 5

致命诱惑——河鲀 / 8

两栖、爬行动物 / 12

两栖巨无霸——大鲵 / 12

袖珍鳄鱼——扬子鳄 / 15

鸟　类 / 19

高原仙鹤——黑颈鹤 / 19

鸟类寿星——丹顶鹤 / 22

“三长”尤物——东方白鹳 / 27

鸟之国宝——朱鹮 / 30

孑遗动物——中华秋沙鸭 / 34

食草动物 / 37

高原精灵——藏羚羊 / 37

藏民之舟——野牦牛 / 41

“六不像”——羚牛 / 44

“四不像”——麋鹿 / 47

花斑若穆——梅花鹿 / 52

食肉动物 / 55

顶级国宝——大熊猫 / 55

“山门蹲”——小熊猫 / 61

“熊瞎子”——亚洲黑熊 / 64
王者雄风——华南虎 / 68
豹中精灵——云豹 / 71
其他动物 / 76
西南三友——金丝猴 / 76
长江女神——白鳍豚、江豚 / 80
“无一物可上之”——中华绒螯蟹 / 84
千娇百媚——桃花水母 / 87

植　物 / 91

裸子植物 / 92
植物化石——水杉 / 92
华夏杉树——银杉 / 95
树中仙翁——银杏 / 99
玉树临风——红豆杉 / 104
秋风送美——金钱松 / 107
被子植物 / 109
东方鸽子树——珙桐 / 109
“美丽动人”——香果树 / 113
极品木材——金丝楠 / 116
“艳而不妖”——云南山茶 / 120
青海人参果——鹅绒委陵菜 / 123
万山红遍——杜鹃 / 126
中国橡胶树——杜仲 / 129
南国人参——三七 / 131
果中之王——猕猴桃 / 134

神奇美味——莼菜 / 138
忍冬傲雪——金银花 / 141
其他植物 / 144
神奇藏药——冬虫夏草 / 144
恐龙美食——桫椤 / 149

后　记 / 153

# 野生动物

海阔凭鱼跃，天高任鸟飞，幅员辽阔、地貌齐全的长江流域，为众多动物提供了优良的栖息地、避难所和繁殖场，自古以来便是野生动物繁盛之地。

一段时间以来，由于环境的恶化，人类的乱捕滥猎，许多野生动物的生存正面临着各种各样的威胁，有些珍贵的动物，如白鳍豚可能已经灭绝。

动物是人类的朋友，野生动物是大自然留给人类的宝贵财富，保护野生动物就是保护人类自己。

# 鱼 类

## ◉ 鱼类化石——中华鲟

> “亘古至今，迁徙就是中华鲟生命的主题。每年的秋天，成年的中华鲟成群结队，逆流而上，从东海进入长江，沿着亿万年前祖先的足迹，游向千里之外的金沙江繁衍后代，然后再顺流而下，回到东海。两年时间，往返近万里的漫长征程，完全不进食，仿佛虔诚的教徒在朝圣路上的斋戒。为了家族的生生不息，所有的生命化为一种动力，向前，再向前，这延续了亿万年的马拉松之旅，在最近的三十多年里，却发生了一个不小的改变。”

这是央视纪录片《水生世界》第5集《坝上坝下》中的解说词，也是我所见到的描写中华鲟最美的文字。

### 1.物种简介

中华鲟又称鳇鱼，是世界上鲟鱼中个体最大、分布区域最南的一种。成年雌鱼一般可长到三四米长，体重200~250千克，雄鱼个体要小一些，在75~100千克之间。庞大的身躯使它们看上去像哺乳动物。但在生物学上它们却是非常原始的软骨硬鳞鱼。它们的先祖古棘鱼曾在古生代盛极一时。但到中生代时却几乎绝迹，仅有少数存活至今。中华鲟便是其中之一，它们也因野生种群数量极少，成为国家一级保护水生野动物。

「中华鲟」

中华鲟的个体呈长梭形，吻部较长，为犁形，基部宽厚，吻尖略向下翘。口下位，成一横列。口的前方有两列短须。它们眼睛很小，眼后头部两侧各有一个新月形的喷水孔。全身被有鞭形骨板五行，尾鳍特别发达。

中华鲟是江海洄游鱼类，平时栖身浅海，以

底栖鱼类、贝类为食。到 9~18 岁时性腺成熟，成群结队沿着长江上溯到金沙江产卵。它们的繁殖能力惊人，每条雌鲟怀卵多达数十万粒。不过，真正能成活下来的不过 2~3 条。它们在河流底层生活，以小虫及水蚯蚓为食。到第二年春天，成年鲟便和幼鲟一道顺流而下，先到长江口咸淡水交汇处育肥，并适应盐度变化，然后回到海洋。

中华鲟的寿命可达 60 岁以上。从第一次产卵回海后，每隔 3~5 年回游一次，而且目标明确。据称，曾有外国人把它们移至海外，但它们仍千里寻根，洄游到故乡生儿育女。因此又被称为“爱国鱼”。它们如何拥有这种精准的“巡航能力”，还一直是一个谜。

**2.物种价值**

作为地球上最古老的脊椎动物——古棘鱼的后裔，中华鲟距今有 1.4 亿年的历史，具有介于软骨鱼向硬骨鱼过渡的诸多体征，有重要的学术价值和难以估量的生态、社会、经济价值。

中华鲟浑身是宝，鱼肉、鱼肠、鱼膘、鱼骨等均是上等佳肴。其皮可制革，胆可入药，鳔和脊索可制作鱼胶，以其籽制成的鱼子酱在西方是高档食材。其身体和鱼卵含有人体必需的各种元素，可作药材。沿江各地，尤其是湖北省历来有捕捞中华鲟的历史，如今，它们被列为国家一级保护动物，只实施有计划捕捞。

**3.物种分布**

中华鲟在中国的分布较广，海域北起辽东湾，南到珠江口等均可见它们的身影。其洄游，在长江水系可达金沙江下游；在珠江水系可上溯到北江达乳源和西江的封开，甚至还可沿支流上溯到浔江、郁江、柳江；在海南省沿岸亦产。国外见于朝鲜汉江口及丽江和日本九州岛的西侧。

不过，其最主要的分布区还在长江流域。

**4.中华鲟与葛洲坝**

在万里长江第一坝——葛洲坝工程兴建过程中，有关拯救中华鲟的呼声就不绝于耳。争议的关键是大坝将阻断中华鲟的洄游线路，改变它们亿万年来的繁殖规律，这种鱼类的命运将会怎样。

最初渔业部门提出了修建鱼梯的方案，但中华鲟属于底栖鱼，体重庞大，难以在数千米宽的坝体内找到仅仅宽达几十米的鱼道，即使找到了，也难以在短短的距离内爬上几十米的高度。经过长期论证后，设计部门决定取消鱼道，并将原计划兴建鱼道的经费，在宜昌修建了国内第一座中华鲟研究所。

在 1981 年，葛洲坝工程实现截流，当年上行的中华鲟前行受阻，确实出现了许多鱼在大坝上碰得头破血流，当年鲟鱼取得大丰收的状况。但此后几年，幼年中华鲟数量减少，成活率明显下降。有关部门一面实行网捕过坝，一面加强人工繁殖研究，同时也希望中华鲟能够穷则思变，在大坝下游重建家园。事实证明，这两个目标均已实现，人工繁殖工作很快取得了突破，而野生华鲟比我们想象的聪明得多，它们在大坝下游找到了新的产卵场，解决了后代繁衍问题。

**5.中华鲟的人工繁殖**

中华鲟人工繁殖的成功是我国鱼类科学对世界的重大贡献。

此项工作始于宜昌中华鲟研究所成立的 1982 年。最初采取网捕过坝手段，但这不是长久之计。1983 年，采取从鱼体提取性激素的方式成功培育出了子一代。不过，由于这种方式要杀掉不少鲟鱼，很不人道。直到 1985 年，科研人员终于研制出人工合成激素，结束了杀鱼取卵的传统方式，这一成果也荣获了 1986 年度水电部科技进步一等奖。

「宜昌中华鲟研究所」

经过 20 多年的努力，人工繁殖的子一代逐渐成熟，宜昌中华鲟研究所再接再厉，于 2009 年 9 月 30 日培养出全人工繁殖的“子二代”，这意味着我们找到了不依赖野生亲鱼就能把中华鲟长期保存下来的有效途径。其意义不亚于人工合成激素。也就是从这一年起，我国停止了持续了 20 多年的亲鱼捕捞作业，野生中华鲟的自然产卵再也不受到人类的惊扰；而随着人工繁殖的中华鲟不断放流，中华鲟的种群安全得到了保障。

据称，中华鲟研究所将会建立一个中华鲟的基因库，三峡公司也将建设一个包含中华鲟在内的长江珍稀鱼类保护繁育中心，并保证基因库的遗传多样性。

如今，维持中华鲟的种群也许不是问题，但中华鲟，尤其是野生中华鲟的保护，我们依然有许多事要做。

## ◉ 亚洲美人鱼——胭脂鱼

有着亚洲美人鱼之称的胭脂鱼，以其鲜艳的色彩、善变的外貌，以及会随情绪改变颜色的特性，获得了“亚洲美人鱼”的美称。同时又因背鳍高大，游动起来如同扬帆远航，又被商人们称为“一帆风顺”。不过，近年来，它们的野生种群的命运却受到了一定的挑战。

### 1.物种简介

胭脂鱼，又名红鱼、黄排、木叶鱼、火烧鳊等，鲤形目亚口鱼科鱼类。该科鱼类全世界现知约有 13 属 70 种，绝大多数分布于北美洲，仅胭脂鱼为我国也是亚洲特有。因数量较少，属国家二级保护动物，也是重要的经济鱼类。

胭脂鱼属大型鱼类，最大体长可达 1 米左右，重量可达数十千克。幼鱼体型细长，褐色，体侧有 3 条黑线，喜集群于水流较缓的砾石间，多活动于水体上层。到成体时则身体相对变宽，雄

「胭脂鱼」

鱼为红色，雌体为青色，体侧中轴有1条胭脂红色的宽纵纹。它们的背部在背鳍起点处特别隆起。吻钝圆。口小，下位，呈马蹄形。唇厚，上唇与吻皮形成一深沟；下唇向外翻出形成一肉褶。无须。下咽骨呈镰刀状，下咽齿单行，数目很多，排列呈梳状，末端呈钩状。背鳍无硬刺，基部很长，延伸至臀鳍基部后上方。臀鳍短，尾柄细长，尾鳍叉形。鳞大，侧线完全。

胭脂鱼的幼、成鱼不仅形态不同，生态习性也不相同。幼鱼喜群集于水流较缓的砾石之间生活，多在水体上层活动，游动缓慢，半长成的鱼则习惯于栖息在湖泊和江的中下游，水体中下层，活动迟缓，成鱼多生活于江河上游，水体的中下层，行动矫健。胭脂鱼的性成熟年龄雌性6龄、雄性5龄；成熟体重雌性7千克，雄性6千克左右。产卵时间，在长江中上游，四川一带为3—4月份。产卵场多为江河上游水流湍急，多卵石的河床近岸处。每千克体重怀卵数为7500~11000粒之间。卵黄色，圆形，膜厚，略带粘性，卵径2.1~2.5毫米，3~4小时吸水膨胀至3.1~3.6毫米，粘性基本消失。呈半透明状，半浮性。

胭脂鱼体型大，生长快，抗病力强，性温驯，易捕捞，是中国淡水养殖中很有发展前途的名贵鱼种。

在封闭的环境中，它们可以活到25岁。

**2.物种分布**

胭脂鱼是中国特有的鱼种，只分布在长江及闽江流域部分地区。如今，胭脂鱼在闽江已很少见，主要分布区位于长江流域，尤其是长江上游地区。

**3.物种现状**

胭脂鱼物种的现状，一言以蔽之，虽人工繁殖成功，种群无忧，但野生种群的数量不多，还没有摆脱濒危状态。

在20世纪70年代以前，长江里的胭脂鱼数量较多，在长江的上中下游都时常可见。但近几十年来，数量逐渐减少。其原因，有人类活动影响，如出于食用目的，捕捞过量；如水质污染，使其中毒等等。也有它自身原因，如发育缓慢、繁殖周期比较长等等。

针对胭脂鱼的保护，我国主要采取了严格控制捕捞量、建立保护区和人工繁殖等措施。尤其是人工繁殖，早在 20 世纪 70 年代，四川省就已经开始了胭脂鱼的人工繁育工作，位于湖北宜昌的中华鲟研究所也积极开展了对胭脂鱼的人工繁育及增殖放流，均已获成功，并已在全国推广。

**4. 金沙江建坝与鱼类保护**

不过，在人工种群不断壮大的同时，胭脂鱼的野生种群却受到更加严峻的挑战，其中，最重要的，莫过于建坝。

在过去，胭脂鱼在产卵时沿着长江干流上下游动，以刺激性腺成熟，从而繁育后代。1981 年葛洲坝工程截流后，胭脂鱼被隔绝为上游和中下游两大群落。位于坝下的宜昌江段的胭脂鱼或因产卵场环境遭到破坏，或因捕捞过度，野生群体数量一直呈下降趋势。而大坝上游的种群则相对乐观一些。

而进入 21 世纪以来，随着三峡工程的完建，以及金沙江水电开发，一座座大坝将拔地而起，将金沙江拦截成一段段的静水区域，导致胭脂鱼的洄游通道阻断。有专家认为这将对它们的繁殖能带来较大不利影响。不过，也有专家认为，胭脂鱼并不具典型的洄游习性，它们主要生活于长江上游，只有少数幼鱼被动顺流漂至长江中下游生长发育，成年后返回上游，并留在上游生活，不再返回下游，建坝对胭脂鱼的影响并不太大。而且水库淹没区又多为农田、果园和居民点，淹没后底质肥沃，能为胭脂鱼提供更多的食物来源，也为幼鱼提供较为适宜的生存环境，对

「中国长江三峡集团人工放流胭脂鱼」

胭脂鱼种群恢复还有积极作用。

与当年修建葛洲洲坝时保护中华鲟类似，有关部门为保护鱼类进行了长期的研究；主要包括网捕过坝、人工增殖放流站、设置鱼道等。同时也对它们进行了人工繁殖，基本获得成功。但对它们野生种群的保护，还是一个复杂的系统工程，我们对此还有很长的路要走。

此外，我们还应看到，水电建设，利国利民，为了获得重大的综合效益，我们在某些生态环境上做出有限的牺牲是值得的。在对其环境影响进行评价时，我们既不能妄自尊大，无知无畏；也不能妄自菲薄，一无是处。而应扬长避短，去伪存真，找出一个好处最大、坏处最小的方法。同时还应该在脑子里绷紧这根弦：水电是清洁能源，以它替代高污染的火电，这本身就是最大的环境效益。

我们对待金沙江水电开发及其对鱼类的影响，也应该采取这样的态度。

## ◉ 致命诱惑——河鲀

千百年来，河鲀就以其美味和剧毒著称于世。据研究，它体内的河鲀毒素只需 0.5 毫克就足以致人死地；但这非但没有阻挡吃货们的热情，相反却勾起了他们的食欲。拼死吃河鲀也因此成为一种时尚、一种诱惑，一种冒险者的游戏。由于生态污染和过度捕捞，曾经随处可见的野生河鲀几乎在长江上绝迹；而人工河鲀的数量却不断增加，同时，在广阔的海域，它们仍自由自在地生活着，它们的种群并没有我们想象的那么悲观。

### 1.物种简介

「河　鲀」

河鲀，俗称河豚（其实两者有本质区别，河豚泛指在河中生活的哺乳动物，如白鳍豚、江豚等，而河鲀才是我们常说的带毒素的鱼），因在淡水中捕获，出水时发出类似猪叫的唧唧声而得名。

河鲀的头为圆形，背部黑褐色，腹部白色，鳍常为黄色。它们的口虽小，但牙齿极其坚硬，可咬断铁丝。在受到威胁或骚扰时，就会吞入气体让身体膨胀，使浑身的刺竖立起来恐吓敌人，因此又叫气鼓鱼。同时，也可以借此吹动水底泥沙，从而捕食躲在沙中的猎物。此外，它可以一只眼睛盯着猎物，另一只观察周边情况。在被渔民捕起时，还会装丑诈死，让不知情的人将其抛弃。

河鲀名字中虽带有河，但在海里呆的时间比河中还多，平时呆在海里，每年3月游至河口的咸淡水交界区域产卵。唯有暗色东方鲀成群溯河进入淡水，于4—6月在长江中游或洞庭湖、鄱阳湖中产卵，秋季返回深海区越冬。而当年出生的幼鱼则在淡水中度过第一个冬天，第二年春才回到海里。等长大至性成熟后再进入江河产卵。

不过，这已经是很久以前的事了。由于捕捞过度，如今每年能够进入长江的河鲀已经很少了。

## 2.物种保护

河鲀对环境的适应性很强，过去，在我国江河及近海资源极其丰富，近几十年来，数量大减，几乎到了无法发现的地步。不过，这并不意味着它们种群灭绝，更可能是它们发现长江水质太差，危险太大而不愿前来的结果。

各种现象表明，中国周边海域河鲀数量仍然较大，只要人类不去干涉，它们的种群就没有灭绝危险。近年来，随着人工养殖技术的成熟，家养的河鲀数量渐多，大有取代野生河鲀而变成美味的趋势。因此它不是国家保护动物。

## 3.河鲀毒素

河鲀最神秘的地方莫过于身上的毒素。

据研究，河鲀毒素为无色针状结晶体，为自然界毒性最强的非蛋白物质之一，如不慎服用，能在30分钟内麻醉神经，如果中毒量超过0.5毫克就可能死亡。

河鲀毒素最集中的部位依次为卵巢、脾脏、肝脏、血筋、眼睛、鳃、皮、精巢等。从卵巢毒量远大于精巢，而且幼年河鲀毒性较小来看，这种毒素显然是成年雌鱼保护自身及后代的手段。

对于河鲀毒素的产生机理，主要有内因说和外因说两大类，内因说认为毒素来源于河鲀自身，是它使摄入食物发生转化的结果，但因缺乏证据，没有得到广泛认可。随着人们不断从其他动物体内及海洋、淡水沉积物中分离出类似毒素，外因说渐渐占了优势，这种观点认为，河鲀毒素不是河鲀固有的，而是食物链和微生物双重影响的结果。日本人用毒性极强的种类——星点东方鲀做试验，发现当无毒的河鲀鱼食用含有毒素的饲料时，它们就变得有毒了。证明其毒素应该是外生的，而毒素来源或许就是藻类。

医学家们对河鲀毒素进行过研究，认为它在临床上对镇痛、局部麻醉、镇静、镇痉、降血压、抗心律失常有一定的用途，并试图人工合成一系列控制神经肌肉细胞膜作用机制的药物，以代替吗啡、杜冷丁、阿托平和南美筒箭毒等。不过，由于河鲀毒素的毒性较大，有效剂量和有毒剂量十分接近，这种研究还在试验阶段。

**4.拼死吃河鲀**

明知山有虎，偏向虎山行，是中国人的特点，对于河鲀这样剧毒的美味也不例外，而且越有毒，人们兴趣越大，吃得也越多，价格也越高。以至于“拼死吃河鲀”几乎成为千百年来国人的时尚。

「日本河鲀料理」

河鲀最美者，不在其肉，而在它身上的诱人香气，为其他鱼类所不及；尤其是烧熟后，这种香气更强，往往“一家烧河鲀，香飘半个村”，闻之让人垂涎欲滴。著名诗人，也是著名吃货的苏东坡，留下了“蒌蒿满地芦芽短，正是河鲀欲上时”的诗句。梅尧臣为劝朋友不要冒险吃河鲀，写下了名满天下的《范饶州坐中客语食河鲀鱼》，并因此得名“梅河鲀”。可见，1000 多年前拼死吃河鲀已成习俗。

为解豚毒，古人发明了一些偏方，如在宴席旁准备便桶，或者事先准备好鲜芦根或橄榄汁，一旦发现中毒立即灌入口中，催其呕吐。这种方法有一定作用，但只催吐，不解毒，只能作为一般应急处理。最有效的方法还是赶紧送到医院，让专家解决。

世界上最爱吃河鲀的国家不是中国，而是日本。据称，仅东京一地就有 1500 多家做河鲀的餐馆、酒店。这种好吃的传统也一度让河鲀数量骤减。可 2011 年福岛地震后，人们吃的少了，其近海的河鲀数量便激增起来。这也从一个侧面证实了野生河鲀其实并非濒危物种。

**5. 人工养殖**

由于长江上野生河鲀数量渐少，价格渐高，从 20 世纪 90 年代起，沿江各省就开始了河鲀人工养殖。如今这一技术早已成熟，我们所见的河鲀绝大多数也是人工养殖的。研究发现，经过人工饲养的河鲀鱼美味依旧，但身上的毒素却不断减小，大约到了子三代、子四代之后，体内就没有多少毒了，因此，在 2011 年，《水产品卫生管理办法》中对于河鲀鱼的禁令已被废止，人工饲养的河鲀又开始重返食客们的餐桌。但所有制作河鲀菜的厨师必须经过专门的考试，持证上岗。

「江苏海安养殖工人正展示人工养殖的河鲀」

人工养殖的河鲀弥补了天然河鲀的不足，满足了人类的口腹之欲，它的毒性小了，人们吃它的胆子却大了，不过，这人工河鲀的滋味似乎怎么也比不上野生河鲀。这大约是它们被圈养惯了，没有经受大自然的风风雨雨，尤其是没有经历千里迢迢洄游经历洗礼的缘故，也可能是人们在食用时心情放松了。毕竟拼死吃河鲀，如果缺少了拼死的勇气，那河鲀的味道自然也就淡了！

## 两栖、爬行动物

### ◉ 两栖巨无霸——大鲵

传统观点认为大鲵因叫声如婴儿啼叫而得名娃娃鱼。不过，这么多年来，我一直没有听到它们这样的叫声，倒是它们的四肢与人相似，而活动时那肉嘟嘟、圆滚滚的样子与赤身裸体、满地打滚的孩子有几分相似。作为两栖动物中的巨无霸，它们在生物上具有一定的科研意义。

**1.物种简介**

大鲵，又称“娃娃鱼”，不过，它们很少鸣叫，即使叫起来也不像娃娃，倒像是狗，因此也有人称它为海狗鱼、狗鱼。

「大　鲵」

大鲵外形似鱼，又像放大了的蜥蜴，不过，它既不是鱼，也不属爬行动物，而是介于两者之间的两栖动物有尾目，比没有尾巴的青蛙、蟾蜍要高级一些。它们的幼体必须在水中生活，用鳃呼吸，长大后用肺呼吸。但它们的肺发育不良，必须借助湿润的皮肤进行气体交换，因此它们生活的范围还是不能离水太远。

大鲵外貌实在让人无法恭维，身体扁圆，头大、体肥、尾巴粗。身上滑腻腻的，没有鳞片，却布满了疙疙瘩瘩的疣粒。在两栖动物中，它们的体型是最大的，许多身长超过 1 米。1971 年人们曾在神农架林区捕获过一条长达 2.40 米，体重超过 60 千克的大鲵，完全配得上“两栖动物巨无霸”的称号。

别看大鲵平时不温不火，却是相当凶猛的肉食动物，以水生昆虫、鱼、蟹、虾、蛙、蛇、鳖、鼠、鸟等为食。捕食方式为“守株待兔”，一旦发现猎物，便突然袭击，以口中致密而又尖利的牙齿咬住猎物，然后一口吞下。娃娃鱼既可以连续多日不吃东西；也可以一餐吃下体重五分之一的食物，在食物缺乏时，还会出现同类相残的现象，甚至以卵充饥。它们的生命力极其顽强，有人看到它们被剖去内脏一个小时后，还能爬动，甚至咬人。

大鲵每年 7—8 月交配产卵，每尾产卵 300 枚以上，雌鲵产卵后“任务”即告结束。孵卵和照顾幼儿的工作完全由“模范父亲”的雄鲵完成，这别说在两栖动物中，就是整个动物界也是难得的。

大鲵生长十分缓慢，但寿命也相当长，在人工饲养时可活五六十岁，在野生状态下，最长可活 130 年。

大鲵有冬眠的习惯，冬眠时它们饮食和活动都少，反应也较迟钝。

**2.物种价值**

首先，大鲵是 3 亿年前与恐龙同一时代生存并延续下来的珍稀物种，也是现存最大的两栖类动物，是著名的“活化石”。它们的心脏构造出现了类似爬行动物的特征，它们的生活习惯，如洞穴复杂、忍饥挨饿，以及领地意识等，也远远走出普通的两栖动物，而与蛇、鳄鱼等爬行动物有类似之处。因此在生活学上，它们具有重要的研究意义。

其次，娃娃鱼相貌虽丑，但体型独特，即丑得可爱，是受人喜爱的观赏动物。

第三，大鲵肉质细嫩、味道鲜美，含有优质蛋白质、丰富的氨基酸和微量元素，营养价值极高，被誉为“水中人参”，被中国香港、台湾及东南亚视为珍稀补品，有较高的食用和药用价值。

**3.物种分布**

全世界的大鲵主要有中国大鲵、日本大鲵、美国大鲵三种，其中以中

「日本大鲵」

国大鲵体型最大，数量也最多。中国大鲵又有长江、黄河及珠江等几大种群，分布在除新疆、西藏、内蒙、台湾之外的祖国各地。其中又以长江种群占据绝对优势。我国大鲵的五大产区（湖南，湖北，陕西汉中、安康、商洛，贵州遵义和四川宜宾，江西）全部位于长江流域，因此，说大鲵是长江流域的优势物种，一点也不为过。

**4.物种保护**

中国是大鲵的原产国，在20世纪70年代以前数量较多，不仅安全无虞，还是国家出口换汇的重要生物。近年来，由于生态环境破坏，加上食用过度，致使野生娃娃鱼的数量急剧下降，许多地方资源枯竭，甚至濒临灭绝。

为了保护大鲵，中国政府已于 1988 年将其列入国家二级保护动物名录。同时对大鲵的人工饲养进行了长期研究。因为大鲵不挑食，耐饥饿，对环境要求不高，饲养难度并不算大，相关技术早已成熟。我国平均每年的繁殖的大鲵数量据称已经突破 160 万尾。因此，只要人类不加破坏，这一物种应该不存在灭绝问题，但野生大鲵依然珍贵，依然需要我们加以保护。

我国共设立了 20 多个以保护大鲵为主的自然保护区，其中湖南武张家界武陵源和陕西省太白县湑水河大鲵自然保护区为国家级。下面重点谈谈前者。

**5.保护典型——张家界国家级大鲵自然保护区及大鲵“笨笨”**

保护区位于湖南省张家界市武陵源区，面积14285公顷，1995年经湖南省人民政府批准建立，1996 年晋升为国家级，主要保护对象为大鲵及其生态环境。

武陵源位于张家界自然保护区核心，适宜的气候条件、发送的水系和丰富的动植物资源为大鲵的栖息和繁衍提供了良好的生态环境，因而使保护区成为我国大鲵的集中分布区之一。

「武陵源自然保护区内的大鲵」

张家界还培养了世界上最著名的大鲵——笨笨。据了解，“笨笨”是张家界白族农民王国兴1982年从邻乡群众手中收购而来的，当时重约45千克，体长约150厘米。由于年老体弱，怕光怕人，被放回张家界国家大鲵自然保护区内的纯天然溶洞里生活。到2012年，“笨笨”已近130岁的高龄，体长1.80米，体重65千克，是迄今为止国内发现的最大娃娃鱼。据称，张家界已为“笨笨”申报吉尼斯动物类世界之最。

## ◉ 袖珍鳄鱼——扬子鳄

与大型鳄鱼不同，扬子鳄身材瘦小、性情温和，行动缓慢，最喜爱的活动方式就是伏于水面，或趴在地上晒太阳。但在捕食、逃跑或护雏时却身手敏捷，性情凶猛。这个历史超过2亿年古老物种，仿佛一位老人，阅尽了沧海桑田的巨变，见证了自然生命的传奇。它们是真正的活化石，它们的生存状态一直令人担忧。

### 1.物种简介

扬子鳄，又称中华鳄、土龙、猪婆龙，中国特有物种，国家一级保护动物，因生活区域长江曾名扬子江，故称“扬子鳄”。

扬子鳄一般只有1.5米长，是世界上最小的鳄鱼之一。

扬子鳄生性好水，它们对水的依赖远大于食物，因此，它们一般生活于水中，巢穴建在水边，它们的主要食物——螺、蚌、蛤及鱼和蛙也多为水生动物。因体型较小，扬子鳄的攻击力和咬合力比大型鳄鱼逊色许多，但这也是它们的主要捕猎技术，另外，它们还善从水中突然跃起捕捉水上的猎物，并利用身体的旋转将猎物肢解，最后一口吞下。它们能够暴饮暴

「扬子鳄」

食，也可以长期不进食。

世界上大多数鳄鱼都会挖洞，但扬子鳄挖洞本领最强。它们一出生就会挖洞，一生也致力于挖洞，而且越老的鳄鱼洞的结构也越复杂。它们的洞穴有入口、出口，上面有通风口，侧面有适应水位的侧洞口。洞体弯曲，上下左右纵横交错，有卧室、晒台和水潭，如同迷宫一般。盛夏时鳄鱼在此避暑，更重要的是冬天在此冬眠。有人认为，在恐龙灭绝的年代，扬子鳄正是凭借这套建筑手艺而顽强生存下来，如今的扬子鳄的生存也受益于这门祖传绝学。

一般情况下，扬子鳄是独居动物，一般在6月上旬进入繁殖期，此时它们的求偶声较大，百米之外可闻。其交配过程在水下完成，雌鳄在7月初产卵。此后，雌鳄会用杂草、枯枝和泥土在离自己巢穴合适的距离建筑圆形的产卵巢，每巢产卵10~30枚之间。此时气候炎热，鳄卵借助着太阳照耀、地热，以及筑巢材料的腐败发热逐步成熟。卵中的仔鳄也会自己啄破卵壳钻出来。雌鳄虽不孵卵，但时常守巢旁，一旦听到仔鳄的孵出的声音后，就会马上扒开覆草，帮助仔鳄爬出巢穴，并把它们引到水中。仔鳄体表色泽非常鲜艳，比它们的父母漂亮许多。不过，它们在初生时腹部有道裂痕，直到两周后才会渐渐愈合。小鳄鱼数量虽多，鳄鱼的寿命也长达60~80年，但能够活过一年的小鳄不过2%，绝大多数的小鳄因为天敌或自身的原因夭折。

扬子鳄是变温动物，据称它们吃食后必须马上出水，通过晒太阳来消化食物，否则食物会在胃中腐烂。

温度对扬子鳄控制幼鳄的性别有决定作用，实验证明，当扬子鳄卵在孵化温度为28.5℃时，孵出的全部为雌鳄；当气温在33.5℃到35℃时，孵出的全为雄鳄；气温在30℃时，雌雄比例相等。也就是说，温度越高，孵化出的雄性幼鳄越多。

同样的研究表明，扬子鳄也许已经掌握了这种温度控制性别的手段，因此，每次孵卵化时，雌性的比例都比雄性高得多（大约是 5∶1），这也使它们在恶劣的环境中生存的几率大大增加。大自然中真的蕴藏着许多人类未知的有趣秘密。

扬子鳄是和恐龙一样古老的动物，也是现在极少数存活至今的大型爬行运物，它的祖先是陆生动物，后来学会了在水中生活的本领，所以在恐龙灭绝的大灾难中生存了下来。在扬子鳄身上还能找到恐龙的许多特征，因此，人们称扬子鳄为“活化石”。

**2.物种分布**

与许多鳄鱼一样，扬子鳄曾在恐龙活跃的年代盛极一时，但随着恐龙的灭绝和冰期的到来，绝大多数种群遭受灭顶之灾，仅有在长江流域生活的少数幸存下来。

今天扬子鳄仅见于中国的长江中下游地区，如安徽、江苏、浙江、江西等省。

**3.物种现状**

扬子鳄虽然生性温和，但毕竟是鳄鱼，生活区离人类较近；会捕食家禽、家畜和鱼类，甚至对人造成伤害。此外它们过于复杂的巢穴，对于农田及水利设施也有不小的危害，因此，自古以来就遭到人类的猎杀。

20 世纪 70 年代，扬子鳄在长江两岸还为数不少，但此后，由于人口增长、农田用地的开垦以及生态环境的破坏，它们数量急剧下降。据 1981 年中美科学工作者联合调查结果为：野生扬子鳄仅存数 300~500 条。扬子鳄这个种群已经到了性命攸关的时刻。

为了拯救扬子鳄，我国政府于 1982 年在安徽宣城投资兴建了安徽省扬子鳄繁殖研究中心。同时一些学者围绕着扬子鳄的种群分布和数量、栖息地、食性、繁殖、冬眠、洞穴、活动规律等广泛开展研究。1976 年，人工孵化扬子鳄就获得成功，但人工饲养幼鳄过程中出现卵黄硬结而导致大量幼鳄死亡的问题仍未解决。不过，即使如此，人工饲养幼鳄的存活率依然远远超过了野生幼鳄，这也为我们保护这个种群打下了基础。

**4.物种典型——安徽扬子鳄国家级自然保护区**

「安徽扬子鳄自然保护区」

位于安徽省的安徽扬子鳄国家级自然保护区栖息着我国，也是世界上数量最多的野生扬子鳄。它包括宣州、郎溪、广德、泾县及芜湖市南陵等5区、县境，地处长江下游丘陵平原水网区，为皖南山区向长江沿岸平原的过渡地带，主要由青弋江、水阳江、漳河、南漪湖等水体及周边沼泽滩地组成。是我国为保护野生扬子鳄设立的最早保护性机构。

保护区前身为1979年在宣城创建的“安徽省扬子鳄养殖场”，1982年6月，经省政府批准，成立为省级的扬子鳄自然保护区，1986年，升格为国家级。保护区总面积18565平方千米，划分为核心区、缓冲区和实验区三个功能区。保护区内植被以亚热带常绿阔叶林为主，其中丘陵地区植被以灌草丛为主。人工营造经济林主要有马尾松、国外松、杉木、茶树及毛竹、油桐等树种。有国家级重点保护植物7种，国家级重点保护动物30种。

经过多年努力，保护区不仅保护着数百条野生扬子鳄，还初步解决了人工饲养幼鳄的死亡率高的问题，使扬子鳄的数量不断增加。

「宣城扬子鳄」

自2003年以来，国家林业局决定启动扬子鳄野外放归自然工程，该保护区已连续10年实施扬子鳄野外放归活动，累计投放66条人工繁育的扬子鳄，扩大了野生扬子鳄种群。

据统计，作为全球最大的扬子鳄种群繁育基地，安徽宣城扬子鳄国家级自然保护区内的人工繁育扬子鳄已达10000余只。

可以说，扬子鳄这个物种虽然仍然稀少，但已经初步摆脱了濒危的状态，将来，随着人们保护意识的增强，它们的命运应该会比今天更加美好。

# 鸟类

## ◉ 高原仙鹤——黑颈鹤

作为世界上数量较少，且唯一生活于高原地区的大型鹤类，黑颈鹤在千百万年适应大自然变化的过程中，形成了一年两迁的生活规律；每年秋天，它们从高原腹地出发，穿越千山万水，历尽千辛万苦，克服千难万险，抵达千里之外的越冬地；第二年春天，它们又两次长途跋涉，返回故里。在广袤的大地上，黑颈鹤以世世代代的越冬之旅，见证了青藏高原沧海桑田的变化，也见证了生命和时间的轮回。

### 1.物种简介

黑颈鹤与丹顶鹤外貌和生活习性都十分类似，头顶上的皮肤裸露，呈现出一片红斑，头颈也是黑色，只是，它们的红斑没有丹顶鹤那么鲜艳，而头颈部的黑色面积更大，色彩更深，几乎包括整个颈部。“黑颈”和“丹顶”，非常准确地道出了它们的区别。

「黑颈鹤」

黑颈鹤与丹顶鹤的另一区别，是它生活于高原，迁徙时由高海拔向低海拔的地方飞，而丹顶鹤生活于平原水网，迁徙时由北向南飞，两者在地域上基本没有交集。

不过，除此之外，黑颈鹤与丹顶鹤的相似之处还是挺多的，如成鸟的体长都在 1.0~1.2 米，体重都在 5~7 千克之间；都拥有嘴长、颈长、腿长的曼妙身材；都拥有嘹亮的歌喉和轻盈的舞姿；全身羽毛都以白色为主，而尾巴以及初级、次级飞羽呈现黑色；都是水陆空三栖明星，但三者均不擅长，都是岸边筑巢，且以鱼为主的杂食动物等等。

黑颈鹤的生活习性也与丹顶鹤类似，平时成对或以家庭为单位生活，到了迁徙时节结成大群。每年秋天，它们排成“一”字、“V”字或“人”字形飞越崇山峻岭。到达气候温和的地方去越冬，第二年春季，它们又飞越崇山峻岭，回到高海拔地区度夏。

春天是黑颈鹤的繁殖季节。最初配对时，雄鹤会围绕着心仪的雌鹤跳舞，歌唱。如果雌鹤无动于衷，它们会知难而退，寻找另外的对象。如果雌鹤有意，便会与之共歌共舞，然后离开族群。黑颈鹤一般从 4—5 月初开始交配，5 月底开始产卵。每次产卵 2~3 枚，卵为淡青色，上有棕褐色斑点，孵化期 31~33 天，在孵化期内卵色会逐步变深。在此期间，雌鹤与雄鹤交替孵卵，交替警戒，很少觅食。而且性情也会变得异常凶猛，常常会主动攻击平时害怕的禽兽。雏鹤孵出时，身披棕色羽毛，三天后就可站立行走，并随父母外出觅食。

所有的鹤类都很专情，一旦配对成功，除非对方死亡，终身不换。甚至还有的不食不饮，很快随之而去。正因为此，它们在选择配偶时会非常细心，一般要几个月的时间才能最终确定。

**2.物种分布**

黑颈鹤的分布范围比较狭窄，主要生活在青藏高原的湖泊和沼泽地带。春夏在青藏高原以及印度西北繁殖，秋天则飞到南方温暖的地区过冬。主要越冬地有印度东北部、越南及中国贵州威宁的草海，云南东北部的昭通、会泽、永善、巧家，西北部的中甸、丽江和宁蒗，西藏拉孜、谢通门、日喀则、扎囊、乃东等地的沼泽、湿地和河流等水域。这些地方也是众多灰鹤和雁鸭类水禽繁育的天堂。

### 3.种群现状

由于黑颈鹤生活地条件严酷，抵抗天敌能力和保护幼鹤的能力弱，加上幼鹤天性喜好自相残杀，因此野生黑颈鹤数量极其稀少，国际上早已将其列为濒危物种。我国也将其列为一级保护动物。

有关黑颈鹤的数量。1983 年在印度召开的国际鹤类保护会议曾经公布全球只有 200 只黑颈鹤。但近些年来，由于保护工作加强和新种群的发现，黑颈鹤的总数已上升到 7000 只左右，同时考虑到许多黑颈鹤生活区人迹罕至，且处于不断迁徙中，这一数字可能还会加大。不过，说它们脱离濒危状态还为时尚早。

### 4.物种保护

黑颈鹤是濒危物种，在世界范围内都受到保护。

在藏区，人们称它为“格萨众达孜”，认为它是史诗英雄格萨尔的牧马官达孜死后的精灵幻化而成，对它崇敬、爱护，绝不伤害。

中国政府也始终致力于对它们的保护。截止到 2012 年，在西藏、四川、云南和贵州各省区设立了 15 个以保护黑颈鹤为主的自然保护区，其中色林错、草海和大山包 3 个为国家级自然保护区。区内不仅有适合黑颈鹤栖息的自然条件，还有宁可牺牲自己利益，也要容许黑颈鹤在冬季食物缺乏时到田中取食庄稼的农民。他们虽然没有摆脱贫困，但主动放弃使用化肥、农药，并在秋收时有意为黑颈鹤多留些食物。没有他们，黑颈鹤要安全越冬是不容易的。

早在 20 世纪 70 年代，中国科考队就在野生黑颈鹤最重要的栖息地——西藏采集到了黑颈鹤的标本以及繁殖的巢和卵。80 年代，又进行了西藏黑颈鹤越冬生态学的初步研究。90 年代以来，还加强了与欧美各国的国际合作，成功地繁育出了黑颈鹤的幼仔。如今，随着经验的成熟，人工繁殖的成功率越来越高。

### 5.物种典型——草海国家级自然保护区

草海是高原湖泊，位于贵州省威宁县西部，是黑颈鹤及众多的越冬地。草海国家级自然保护区成立于1985年，1992年晋升为国家级。

「草海国家级自然保护区」

草海最大的特点是水底布满水草，并且盛产鱼虾，自古以来就是高原候鸟喜欢的越冬之地，只是受到环境污染和人类活动的影响，许多鸟类渐渐只是把这里当作中转站，真正留下来安心越冬的不多。近年来，国家将其列为一级重要湿地。贵州省对周边进行了生态环境整治，环境好转，加上食物众多，让越来越多的迁徙鸟类停下脚步，在此过冬。据统计，每年冬季栖息于此的鸟类达到100多种，其中国家一级保护鸟类有黑颈鹤、白头鹤、白鹳、黑鹳、金雕、白肩雕、白尾海雕等7种。二级保护鸟类有20多种。50多种是中国和日本政府保护候鸟栖息环境协议规定保护的珍稀鸟类。在这些鸟类中，最珍贵的，无疑是黑颈鹤，如果按全世界共有6000多只野生黑颈鹤的话，那么，在这里过冬占了10%以上，可能已经成为全国最大的黑颈鹤越冬地。草海也由此真正成为了黑颈鹤理想的家园。

不过，随着黑颈鹤的增多，草海的环境容量已经略显拮据，一些黑颈鹤开始飞到几十千米外的地方寻找食物，甚至开始啄食农民的庄稼。这也成为草海和威宁人们幸福的烦恼。

## ◉ 鸟类寿星——丹顶鹤

丹顶鹤以其优美的体态、文雅的举止吸引着国人，被看作是吉祥、长寿的象征。它们头顶小红帽，身穿镶着黑边的洁白连衣裙，漫步于芦苇草滩，栖息于芦苇沼泽，不仅风姿绰约，而且能歌善舞，从古到今，它们始终受人喜爱，成为纯洁、高雅、空灵，甚至道教的象征，围绕在它身边的各种文化现象，在中国已经绵延了数千年，而且还将延续下去。

**1.物种简介**

丹顶鹤在中国有一个更好听的名字——仙鹤，因为头顶上有一块没有羽毛覆盖的红色肉冠而得名。除颈部、飞羽处有少量黑毛外，全身雪白。

丹顶鹤体型高大，体型纤细，声音嘹亮，举止高雅。它们的外形和生活方式与黑颈鹤类似，这里不再赘述。既能飞翔，又能游泳，但划水时动作远没有天鹅那么优雅；飞翔时也没有白鹳那么舒展。它们最大的优势是三长（即腿、颈、嘴都很长），很善于在浅水中行动，啄取鱼虾和岸上的软体动物、蛤蜊、钉螺、昆虫、青蛙，或水生植物的茎、叶、块根、球茎和果实。成鸟每年换羽两次，春季换成夏羽，秋季换成冬羽，属于完全换羽，会暂时失去飞行能力。

「丹顶鹤」

丹顶鹤性情忠贞，一旦组成家庭便会终身相守。它们每年秋季飞到南方越冬，第二年春天飞回东北老家繁殖。无论何时都是成对或带着孩子行动，只是在迁徙季节才临时组成大群，一旦迁徙完成又回归家族活动，很有点像现在的组团游。

丹顶鹤一般在春天交配，每只雌鹤一般一年产两枚卵。雌雄鹤轮流孵蛋，轮流放哨，四小时一班。小鹤的孵化期是31~33天。在此期间，丹顶鹤的性情会变得十分暴躁，一旦有同类进入领地，便会发出警告，并主动攻击。在攻击时也不讲套路，尖嘴、长腿及五只脚爪全部用上，直到把对手打得头破血流为止。如果在此阶段蛋损坏或者丢失，雌雄鹤会再次交配，重新孵化。在一些保护区，人们就利用丹顶鹤这样的特性，故意偷走它们的蛋，让它们反复交配，反复产卵。再通过人工孵化的方式，从而在较短时间内提高鹤的数量。据称，最多的一对丹顶鹤在一年之内产下了9枚蛋。

小鹤刚出壳时全身覆盖金黄色绒毛，除了继承父母的长嘴、长颈、长腿外，更像一只毛茸茸的鸭子。最初的一年，小鹤始终跟随父母，一岁过后便离开父母，与同龄的鹤一起生活，直到性成熟找到自己伴侣为止。

丹顶鹤寿命较长，野生鹤一般可以活到 60 岁，而在人工饲养条件下，最长的据说活到了 87 岁，与黑颈鹤一样，它也是不折不扣的鸟类寿星。

**2.物种分布**

丹顶鹤是候鸟，每年定期迁徙，为此确定它们的分布范围比较困难。不过，动物学家们基本确定了三个大的种群。俄罗斯种群：在西伯利亚生活，到朝鲜、韩国交界的三八线附近越冬；日本种群：本已绝灭，重新引进后，基本都成为留鸟，不再迁徙；中国种群：主要往返于东北与长江流域之间，其中，北方最大的栖息地在扎龙湿地，南方最大的越冬地在江苏盐城。

长江流域不是丹顶鹤的故乡，但却是其重要的越冬地之一。

**3.种群现状**

全世界共 15 种鹤，丹顶鹤大约是数量最少的，为国家一级保护动物，也是名列联合国濒危物种名录的动物。

丹顶鹤数量减少的内因，在于其物种古老，已经度过了鼎盛期，雌鹤一生虽然可以产 60 枚卵，但孵化率不足 70%，孵化后能够活过一年的又不到其中的 30%。记得一部纪录片里面介绍一对在扎龙湿地的丹顶鹤夫妻。它们先后孵了两窝四枚蛋，结果第一窝因为这对夫妻面对飞行的同类，只顾发出警告，离窝太久，结果蛋的温度降低，里面的小鹤胎死卵中。第二窝虽然孵化成功，但又因这对夫妻只顾对天警告，不顾脚下，居然将其中先出生的一只活活踩死。这样的父母实在难说称职。

除其自身的繁育原因外，湿地的萎缩和人类的活动也是丹顶鹤数量减少的重要原因。丹顶鹤对环境的要求十分苛刻，水、土壤、空气的任何污染都会对它产生不利影响。不过，由于人们一般不吃鹤肉，这些负面影响多为间接和无意的。

因为丹顶鹤生活区人烟较少，而且一直迁徙，难以确定具体数字。2010 年估计，全世界的丹顶鹤总数仅有 1500 只左右，其中在中国境内越冬的有 1000 只左右，实际数量应该高于这个数字。

**4.物种保护**

中国以保护丹顶鹤为主的自然保护区有 10 多个，在中国南方，最著名的丹顶鹤自然保护区当然是江苏盐城。

盐城丹顶鹤自然保护区建于 1983 年，初为省级，1992 年晋升为国家级，同年 11 月被联合国教科文组织世界人与生物圈协调理事会批准为生物圈保护区，1996 年又被纳入“东北亚鹤类保护区网络”，1999 年被纳入“东亚——澳大利亚迁徙涉禽保护网络”。

「盐城丹顶鹤自然保护区」

盐城丹顶鹤自然保护区总面积有 360 多万亩，其中核心区面积约 15 万亩。利用黄河在这里入海时不断填入黄河的滩涂，以及自然生长的茂密芦苇，为以丹顶鹤为代表的南北迁徙动物提供了食物丰富、人迹罕至的安宁环境。随着人们保护意识的加强，前往保护区越冬的丹顶鹤数量已达 1000 多只，占全球丹顶鹤总数的 40%以上，几乎包揽了中国境内全部的野生丹顶鹤。

从 1986 年开始，盐城保护区开始了人工繁殖丹顶鹤的工作。直到 2000 年，也就是 14 年后，才首次实现丹顶鹤在全人工环境下的破壳、成活；直到 2012 年，整个保护区才成功孵化出 80 枚卵；而且其中的一部分还因至今无法查出的疾病而夭折。人工繁育丹顶鹤的难度，于此可见；丹顶鹤这个物种的珍贵程度，也于此可见。

**5.物种趣事**

（1）起名风波

丹顶鹤名字虽美，但却是中国人给它起的艺名。它的拉丁文学名是Grus japonensis，即“日本鹤”，因为西方人首先在日本发现了它。

19世纪末期至20世纪初，日本本州岛的丹顶鹤灭绝了。有些动物学家建议将其英文俗名由日本鹤改为“满洲鹤”或将“丹顶鹤”，但应者寥寥。

2003年，国家林业局和中国野生动物保护协会启动了国鸟评选活动，丹顶鹤以绝对优势荣登榜首，并被国家林业局作为唯一候选上报国务院。可惜的是，由于它的拉丁文学名，国务院一直没被审批。但中国人的喜鹤之情，由此可见。

（2）国人爱鹤

「一品文官礼服的徽识」

古今中外的人都爱鹤，尤以国人为甚。

在中国文化中，鹤是一种奇鸟，象征着吉祥、长寿、忠贞、典雅。道士爱鹤，视之为神仙和道士的化身。文人爱鹤，在诗歌、绘画、音乐、舞蹈中到处都有它的倩影。统治者爱鹤，留下“卫懿公爱鹤而亡国”的笑谈；士大夫爱鹤，于是有“梅妻鹤子”、“焚琴煮鹤”的典故；明清两代，鹤成为帝王殿堂、皇家亭阁上的吉祥物、装饰品。清代更将一品文官补服的徽识，定为仙鹤，将丹顶鹤的地位提高到仅次于龙凤的崇高程度。

（3）徐秀娟的故事

“走过那条小河，你可曾听说，有一个女孩她曾经来过……还有一群丹顶鹤轻轻地轻轻飞过。”这是在中国曾经流行一时的歌曲，描述了一位为救丹顶鹤而牺牲的姑娘的故事。

「徐秀娟与丹顶鹤」

这个故事发生在盐城，主人翁徐秀娟自幼随父亲在齐齐哈尔扎龙自然保护区生活，爱上了丹顶鹤和养鹤职业。在大学毕业后，被分配到盐城自然保护区工作。出发时，她从扎龙带了三枚鹤卵，83 天后小鹤在盐城孵化成功。1987 年，为了拯救她从扎龙带到盐城保护区的一只白天鹅，不幸溺水身亡，死时年仅 23 岁。

徐秀娟是我国环境保护战线第一位因公殉职的烈士，她将 23 岁的青春年华，献给了一生热爱并为之呕心沥血的养鹤事业。为了纪念这位年轻的护鹤天使，江苏盐城和齐齐哈尔市扎龙自然保护区分别修建了纪念馆、纪念碑，宣传徐秀娟的事迹。她曾经写过的一篇散文《大棕鸟》，被列入中学语文课本，许多人就是通过这篇文章认识这位驯鹤者的。

## ◉ “三长”尤物——东方白鹳

每年十月，都会有大量的候鸟从北方迁徙到鄱阳湖周边的湿地安家落户，休养生息，其中有一种体型硕大、嘴巴尖利、双腿修长，与鹤相似的大鸟，矗立于众多小型的鸟类之中，很有一点鹤立鸡群、玉树临风的意味，它便是美丽与吉祥的象征——东方白鹳。

### 1.物种简介

「东方白鹳」

东方白鹳又名老鹳，为鹳科鹳属的大型涉水飞禽，国家一级保护动物。

东方白鹳外形与丹顶鹤有些类似，也是嘴长、颈长、腿长的“三长动物”，但这三者无论哪样都比丹顶鹤稍逊一筹。雌雄白鹳在外观上完全相同，一般雄性体型大一些。它们全身

「水陆两栖」

羽毛为白色，仅翅膀最外侧有黑羽。虹膜为褐色或灰色，眼眶周围的皮肤为黑色。成鸟的喙和腿为鲜红色。

白鹳的相貌虽不及丹顶鹤，但却是典型的水、陆、空三栖鸟类，论飞行，它们的翼展为体长的两倍，而且十分宽大，既善于展翅高飞，又善于利用空气流动而滑翔。在飞行时，为了减少空气摩擦，白鹳会自然将脖子向前伸，腿向后伸，超出其尾尖，尽可能使身体成为一个平面，以减小空气阻力。论游泳，它们的能力也不比鸭、鹅逊色多少。论行走，它们不仅可以与鹤一样涉水而行，还可在树上移动，这是丹顶鹤做不到的。因此，它们喜欢特别在松树上做巢栖息，有时还直接将窝建在屋顶或烟囱之上。我国古代文人爱画“松鹤延年”，其实是把白鹳误认成了鹤，以讹传讹，倒成了有趣的文化现象。

白鹳喜好群居，除繁殖期成对活动外，其他季节大多组成群体，特别是迁徙季节常常聚集成数十只，甚至上百只的大群。不过，仍主要成对或按家庭活动。它的性情机警而胆怯，常常避开人群。如果发现有入侵领地者，就会通过用上下嘴急速啪打，发出哒哒的响声，并有一系列特有的恐吓行为。不过，一旦发现没有危险，它们又不避人，甚至喜欢把巢建在屋顶或烟囱上。

在欧洲，人们都认为白鹳做窝是家中吉兆，并认为它们会为这家添丁进口，因此，人们又称它们为“送婴鸟”。

白鹳的食性很杂，但以鱼类为主，此外还吃植物种子、叶、草根、苔藓，以及蛙、鼠、蛇、蜥蜴、蜗牛等。它们主要在白天觅食，中午在树上休息或在领地的上空盘旋滑翔。

东方白鹳于 9 月末至 10 月初开始离开繁殖地，组成群体分批地往南迁徙。不过，它们的迁徙往往并不一次完成，而是沿途选择适当地点停歇，分段完成。在某些合适的地方，它们常会停歇一个月，甚至 40 天以上。

东方白鹳的繁殖期 4—6 月，此时它们成对活动，并致力于建立自己的小窝。它们的巢多建在食物、水源丰富的树木顶端，由雄鸟外出寻找和运送树枝、枯草等建筑材料，雌鸟负责筑巢。巢呈盘状，结构较为庞大，如果巢未受干扰和破坏，或者当年繁殖成功，第二年还继续被利用，但仍会对旧巢进行修理和加高。如果遭到了破坏，则此巢会被废弃。据观察，即使在繁殖、孵化期间，白鹳也会对巢不断地进行修补和增高、增宽。据测量，从开始产卵到幼鸟出飞期间，巢高增加大约 17 厘米，巢外径增加约 20 厘米，内径增加约 4 厘米。

「东方白鹳头部特写」

它们产卵时间大多在 3—4 月中旬。每窝产卵 4~6 枚，偶尔也有 2~3 枚的记录。通常间隔 1 天产 1 枚卵，也有报告间隔 4~5 天甚至 5~7 天的。卵为白色，呈卵圆形，大小约为普通鸡蛋的两倍，孵卵以雌鸟为主，雄鸟辅助，平均孵卵期在 31~34 天。雏鸟刚孵出时形如小鸭子，由父母共同喂养，大约在 55 天后即可在巢附近学习飞翔，60~63 天以后才随亲鸟飞离巢区觅食，不再回窝。

**2. 物种分布**

东方白鹳善于长途迁徙，因此能够到达的地方很多。按照现已发现东方白鹳的迁徙线路，主要是从黑龙江中部沿松辽平原、北戴河直到江南；另外还有一部分从黑龙江省东部经长白山到朝鲜和辽东半岛，然后分别飞到日本或山东半岛，此外，还偶尔亦有少数飞到台湾或西藏、琉球群岛、库页岛，甚至印度和孟加拉国越冬的。

**3.物种现状**

东方白鹳曾经是分布较广、且较常见的一种大型涉禽，但近年来，它们的数量却在不断减少。据有关资料，在1868—1995年间，由于非法狩猎、农药和化学毒物污染等原因，东方白鹳的种群数量在日本逐渐减少，仅能在冬季偶尔发现少量的越冬个体。在朝鲜、韩国的繁殖种群也已于20世纪70年代初绝灭。由于人口密集，工农业的发展，使得在俄罗斯远东地区和中国东北黑龙江、吉林两省残存的繁殖地也变得极为狭小。根据2009年的统计，全世界共有东方白鹳野生种群为3000只。不过，由于白鹳是迁徙动物，它们的真实数量，应该多于此数。

**4.东方白鹳与西方白鹳、黑鹳**

「黑　鹳」

与东方白鹳血缘最亲的，莫过于遍布于欧洲的白鹳（又叫西方白鹳）了，它们的外形与生活习惯基本一致，在学术界也有不少人认为东方白鹳与西方白鹳应属一类。不过与东方白鹳相比，生活于欧洲地区的西方白鹳体型稍小，嘴、眼皮、虹膜的色彩也略有不同。大约是西方人爱鸟，它们与人类的距离比东方白鹤更近一些。西方人对白鹳非常喜爱，认为如果有鹳在屋顶筑巢是非常吉祥的事。它们称白鹳为送婴鸟，德国还把它选为国鸟。

在白鹳和东方白鹳的生活区，还有一种体型、飞行姿势和生活习性与它非常相似，只是身体大部分为黑色的动物——黑鹳，它们也是国家一级保护动物。

## ◉ 鸟之国宝——朱鹮

朱鹮美丽异常，更珍贵异常。

它们是不幸的，工业化进程破坏了它们的栖息地，让它们几遭灭顶之灾；它们又是幸运的，在全世界爱鸟人士的努力下，它们在灭绝的边缘被拯救了回来，它们的发现、保护，以及人工养殖和种群恢复，已经成为国际拯救濒危生物的成功典范。

「朱　鹮」

**1.物种简介**

朱鹮又叫朱鹭、红鹤，属鹳形目，过去曾出现于中国东北及日本、朝鲜，但如今仅为我国所特有（日本所饲养的为我国赠予），与大熊猫、金丝猴、羚牛并称中国的四大国宝。

朱鹮的外貌与生活习性都与鹤、鹳等涉禽相似，嘴、颈、脚很长，但三者相较于身体的比例要小于鹤、鹳，体型也稍小些。一般体长 80 厘米，体重约 1800 克。远看为白色，但细看微带红色，如果在繁殖期间，则双翅的红色更为鲜艳。它们的头顶有一片朱红色印迹，以及十几支柳叶似的冠羽，它也因此得名。

朱鹮以巢居为主，一般成对或小群活动，吃鱼虾、小虫，也吃草籽和农田里的作物。它们在觅食时常将长长的嘴插入泥土和水中探索，一旦发现食物，立即啄而食之。无论飞行与行走都潇洒自如，在休息时，把长嘴插入背上的羽毛中，任凭头上的羽冠在微风中飘动，更是异常动人。

每年的 2—3 月是朱鹮的发情期，雄鸟和雌鸟结成配偶，到高大的乔木上去筑巢。此时朱鹮会用嘴不断地啄取从颈部的肌肉中分泌出来的一种灰色的色素，把自己的羽毛涂成灰黑色，就像战士披上的迷彩服，防止天敌发现。繁殖期过后，朱鹮会褪毛，新长出的羽毛又是一片雪白。

「朱　鹮」

朱鹮每窝产卵 2~4 枚，卵的大小与鸡蛋相当。孵化期大约 30 天，雏鸟刚孵出时上体毛为淡灰色，下体为白色，脚为橙红色。雄鸟和雌鸟轮流孵卵，轮流喂养小鸟。随着雏鸟的迅速生长和对食物需求的增加，亲鸟每天返回巢中的次数也会从不断增加。雏鸟生长很快，60天后就能跟随亲鸟自由飞翔了。寿命最长的记录为17年。

经过多年保护与驯养，朱鹮与人类形成一种若即若离的微妙，即它需要人类保护，需要在稻田中寻找食物，同时它们又生性胆小，人稍有接近便惊恐不安，甚至弃巢而去，不再回来。因此，它们不会离人太远，也不会离人太近。

**2.物种分布**

朱鹮在历史上曾广泛分布于我国东北、朝鲜、日本和俄罗斯远东地区，据称上世纪在日本东北的青森市还多得成灾，直到20世纪30年代，我国的14个省仍然可见它们的踪迹。然而，随着工业化的到来，因生存环境恶化，它们的数量急剧减少。到70年代，朝鲜、俄罗斯、日本先后宣布野生朱鹮灭绝。只有日本剩下几只失去繁殖能力的老鸟；而中国在60年代也不见其踪迹，一些国际团体预言朱鹮在地球上即将灭绝。

造成朱鹮陷入绝境的外因包括森林采伐、湿地破坏、农药和化肥的使用，以及人类及天敌的威胁等等；内因则在于物种衰退，如觅食能力、御敌能力、繁殖能力差，无法适应环境的改变，其中，内因居于主导地位，外因加速了其趋于灭绝的速度。

为了寻找野生朱鹮，中国科学院从1978年起便派出科研人员，历时三年，纵横13个省，跋涉5万千米，终于在1981年5月21日在陕西洋县金家河发现了7只野生朱鹮，从而宣告这个物种依然健在。这一消息很快在国际上引起极大反响。这也是当时世界上仅存的一个朱鹮野生种群。

如今，世界上的朱鹮主要分布于我国陕西省汉中市洋县，并在陕西周至、北京和河南信阳也搬迁了少量朱鹮。此外，还有少数鸟类交流到日本。

### 3.物种保护

在野生朱鹮被发现后，中国政府立即启动了大规模的保护行动。1983年在发现朱鹮的洋县建立了面积2000公顷的第一个自然保护区，除限制周边区域使用化肥、农药，禁止捕鸟外，还主动投喂泥鳅解决朱鹮食品短缺问题。1986年，林业部投资在北京动物园进行人工饲养；1989年，繁殖出第一只在人工环境下的朱鹮雏鸟。1992年，中国政府正式向世界宣布实施朱鹮“拯救工程”。1994年世界自然保护联盟理事会通过《国际濒危物种等级新标准》，将朱鹮列入极危动物。

如今，我国针对朱鹮的主要保护措施除就地设立保护区外，还有野外放飞、异地保护和国际合作等。

「南方地区野放朱鹮繁殖」

野外放飞。2007年5月，我国在陕西省宁陕县举行首次放飞了26只人工饲养的朱鹮。四年后，央视记者前往采访，据科研人员介绍，其中4只因无法适应野外生存而被捉回网笼继续驯化；8只朱鹮飞出监测区，情况不明；剩下的14只分布于宁陕县周边5个乡镇的密林水田。据统计，这些放飞的朱鹮在4年中已繁殖了46只，其中成功飞出33只，有一部分已经达到性成熟，并且参与了繁殖。它们的子二代已经成功孵化，并成活下来。在这四年中，科研人员共发现14只死亡的朱鹮，全部是正常的意外死亡，没有一起是人为事故，这也说明人们保护意识已经加强。

异地保护。由于最初的栖息地过于狭窄，为避免野生朱鹮因传染病暴发导致灭绝，我国先后在条件适宜的陕西省周至县和北京、信阳建立了繁育基地，其中，位于信阳市罗山县的董寨国家级自然保护区还是陕西省外第一个朱鹮野化放归地点。

国际合作。1985年10月，朱鹮“华华”来到日本，首开国际联姻先河。1998年11月江泽民主席向日本赠送了一对朱鹮“友友”和“洋洋”，2000年10月朱镕基总理再次向日本提供了朱鹮“美美”，极大地促进了朱鹮保护的国际性进程，架起了与国际有关组织开展技术合作的桥梁。中国赠送给日本的朱鹮先后进入繁育期，数量也在不断增加。

如今朱鹮还面临着幼鸟成活率低、天敌多、伤病多的问题，还不能说已经脱离危险，但勉强可以说是摆脱了灭绝的命运，这几乎可以说是一个奇迹，朱鹮保护的成就成为世界濒危物种拯救的成功范例。

央视《科技之光》栏目在2012年3月30日播放了纪录片《野放的朱鹮》，记录了朱鹮放飞之后，当地人与朱鹮和谐相处的情况。为了保护野放的朱鹮，当地政府要求百姓不放农药、化肥，不伤朱鹮。以种地为生的农民因此承受稻田减产、收入减少的后果，但没有人为此抱怨。纪录片中的最后出现这样一个场景，两只朱鹮为争夺稻田里的领地而打斗，在它们之外几米处，就站着一位老农。主持人说道：“但愿朱鹮伴随农夫耕作的场面能够长久地出现在我们的镜头里。”

这也是我们共同的心愿。

## ◉ 孑遗动物——中华秋沙鸭

它是我国最古老的一种野鸭，在地球上已经生存了1000多万年。专家们推断，这种野鸭最初包括了许多成员，但是，一次次的地质灾难摧毁了它们的家园，灭绝了它们的兄弟，只有它们幸存下来，成为如活化石般的孑遗动物。

为了种族延续，它们穿越时光隧道，从遥远的东北到温暖的江南，无论遇到多大的困难、多大的挑战，它们舞动的翅膀从未停歇。

### 1.物种简介

中华秋沙鸭是中国的特有的野鸭种类。它们的体型类似于鸭，但比一般鸭子好看得多。雄鸭一般体长60厘米，体重1千克；头、颈及背上的羽毛为黑色；雌鸭体型稍小，羽毛的色泽也浅一些，但其羽毛下脂肪层厚，因此看上去更显丰满。无论雌雄，肚子的羽毛却是白的，嘴和脚都是红色的，嘴又长又尖。

中华秋沙鸭最典型的外部特征有两个，即 1864 年英国动物学家约翰·古尔德在第一次见到这种野鸭时所描述的，“身上两侧有鱼鳞斑，头上长着双冠羽”。它们因鱼鳞斑称“鳞肋秋沙鸭”，又因头顶硬毛组成的羽冠像满清官员头上的花翎，被古尔德称为“中华秋沙鸭”。

「中华秋沙鸭」

与一般野鸭相比，中华秋沙鸭的飞行和游泳能力都是超强的，它们能够每年长途跋涉数千千米，从中国的东北飞到江南；也能够较长时间沉于水下捕鱼捉虾或啄食水草。

中华秋沙鸭虽属鸭类，但与喜欢群居的野鸭不同，它们除在迁徙时集合成大群外，平时都是以家族方式活动，这与鹳、鹤类有些类似。

中华秋沙鸭的求偶方式介于鹤与鸭之间，即雄鸭们会为争夺配偶而争斗，但取胜的雄鸭并不占据多只雌鸭，在一个繁殖季节保持着相对的一夫一妻关系，不过偶尔也会出现一雄两雌现象。

中华秋沙鸭一般在春季交配，它们并不筑巢，只在树丛中寻找现成的树洞，随后雌鸭产卵，通常 1 天产 1 枚，每窝产 8~14 枚，平均 10 枚左右。卵平均大小与普通鸭蛋相当，长椭圆形，浅灰蓝色，遍布不规则的锈斑，钝端尤为明显。雌鸭在产完最后 1 枚卵后开始孵卵，雄鸭就此离去，并恢复自由。雌鸭每日坐巢时间很长，只外出觅食 2~3 次，每次外出觅食的时间 1 个小时左右。一般是晴天比雨天觅食的次数多、时间长。在雏鸟出壳前的 2~3 天内，雌鸭外出寻食的次数明显减少，并且每次外出寻食的时间也由原来的 1 个小时左右缩短为每次 20 分钟到半个小时左右。随着能量的消耗，雌鸭日渐消瘦，羽毛也失去光泽，并大量脱落。雌鸭会把掉落的羽毛收集起来垫于卵下，并不时翻动卵，使之保持均匀温度，直到28~35天后小鸭最终出壳。

小鸭出生不久，便由雌鸭带领跳出洞口，进入水中，成家族群活动，它们栖息于沼泽或灌木丛中，再也不回出生时的巢穴了。

雌鸭是很称职的母亲，对小鸭的照顾无微不至，但对其游泳、觅食及飞翔的培训却是十分严格，在雌鸭的照顾下，小鸭生长得很快，先在缓慢的静水中学习基本生活技能，待两个月后又到湍急的河流中经受锻炼，并逐渐变得强壮而善于飞翔。直到当年秋天，随着母亲和大部队向南方迁徙。

雌鸭对小鸭的照顾一直持续近一年，直到第二年春天雌鸭发情，准备繁育下一批小鸭为止。

**2.物种分布**

中华秋沙鸭是迁徙性鸟类，其繁殖地在西伯利亚、朝鲜北部及中国东北小兴安岭，越冬地在中国的东南沿海以至贵州地区，以及日本及朝鲜，偶尔也会飞到东南亚。沿途地方在不同时段均可见到它们的身影。

**3.物种现状**

由于种种原因，中华秋沙鸭的数量在一段时间持续减少。有些年份全国各越冬地报告发现的中华秋沙鸭的总数只有几十只，不少地区甚至多年绝迹，有人认为它比大熊猫、白鳍豚、扬子鳄还稀少。这可能言过其实，因为没有发现并不意味着不存在，秋沙鸭完全可以选择一个人迹罕至的地方过安静的生活。但其数量稀少应该是确凿无疑的。

中华秋沙鸭已列入《中国濒危动物红皮书·鸟类》稀有种；列入《华盛顿公约》附录一Ⅰ级保育类；列入《世界自然保护联盟》2012年濒危物种红色名录。

**4.物种保护**

如今中华秋沙鸭的栖息繁殖地已呈孤岛状，破碎化严重。中国能够确认的繁殖地主要有两处；一处是吉林的长白山，另一处是小兴安岭林区，这两处都设立了国家级的自然保护区。与之相比，越冬地相对分散，最多

「中华秋沙鸭戏水」

的地方为江西省的信江流域，如今江西省在这里也成立了自然保护区。

江西曾是中华秋沙鸭传统的越冬地，但由于种种原因，从20世纪80年代起，全省就再也没有见到过它们的踪影。1999年冬，有人首先发现有16只中华秋沙鸭在弋阳出现，随后又发现了上百只的大群。从2000年8月开始，弋阳县成立自然保护站，经过几年的努力，越来越多的中华秋沙鸭到此及周边地区越冬，江西省也先后建立了龙虎山、宜黄等多个针对秋沙鸭的专门保护区。

据专家介绍，中华秋沙鸭对生存环境要求极为苛刻，且生性警惕，第一年出现猎捕现象，第二年就不会再来。

中华秋沙鸭能在江西大规模集结，说明生态环境正在好转了，也说明人类的保护意识提高了。从这个意义上说，它们的到来，不仅是是大自然的恩赐，也是对人类努力和真心的回报。

## 食草动物

### ◉ 高原精灵——藏羚羊

不知道有多少人见过藏羚羊。2012年9月，当青藏线列车经过可可西里大草原时，人们不自觉地看着窗外，寻觅着传说中的藏羚羊、藏野驴或野马的踪影。视线中仿佛有两三个黄色的小点一闪而过，但要看个究竟时它们已不见踪影。有人说，那就是藏羚羊。

虽然没有看清它们的身影，不过，100多年前斯文·赫定在日记中对藏羚羊的描述，却被人们记住。“在山谷中，我们有时惊起大群的羚羊。看着这些温文尔雅的动物，公羊竖着光亮的长角，就像刺刀在阳光中闪烁——人们简直难以想象出比这更美丽的景致了。”

**1.物种简介**

中国最著名的藏羚羊，莫过于北京奥运会五个福娃中的“迎迎”。它身手敏捷，驰骋如飞，代表着田径项目和奥运五环中的黄色一环。它拉近了许多中国人与藏羚羊之间的距离。

「藏羚羊」

藏羚羊，牛科羚羊亚科藏羚属动物，国家一级保护动物，《国际濒危野生动物贸易公约》中严禁贸易的濒危动物。

藏羚羊的体形与羚羊相似，体长1~1.5米，体重随季节变化较大，一般春季时约25千克，到了秋季长肥后可达50千克以上。

藏羚羊最明显的外部特征，莫过于雄性头上那对长长的黑色尖角，角上的棱环如树木年轮一般每年向外长出一节。相比而言，没有角的雌羊在外貌上就逊色了许多，不过这也能够保护它们不易被敌人发现，因此相貌平平并非坏事。

由于藏羚羊生活在远离人类的高寒地区，它们的生活习性很长时间里鲜为人知，直到近年来科考队员的努力，我们才对它们有了初步的了解。

与所有羚羊一样，藏羚羊天敌众多，而且缺乏自卫手段，完全凭借敏锐的视听能力和快速奔跑逃避敌害，它们的鼻孔比一般动物多一个小囊，增大了肺活量，因此即使是即将分娩的母羊，奔跑起来也是快速而持久，这在草食动物中比较少见。

藏藏羚大约3岁时性成熟，每年11—12月为交配期。在此时，性格温和的雄羊会有激烈的争斗，获胜的雄羊能够占有一群的雌羊。不过失败者也不气馁，会远远追随雌羊，伺机交配。

藏羚羊的活动很复杂，某些种群长期居住一地，有些种群会整体迁徙，更多的种群是雌羊带着雌性小羊迁徙、产仔，而雄羊和雄性小羊呆在原处，而且迁徙地的自然条件未必比原来的栖息地更好。专家们认为这种特殊的迁徙方式与物种保护有关，因为在自然条件恶劣的迁徙地，天敌难以生存。而雄羊留居原地，即减轻了迁徙地承载能力，也起到了吸引天敌的作用，间接保护了雌羊群。

雌性藏羚羊在迁徙地成群生活，最大群体数量可达 3000 只以上。它们的妊娠期约 200 天，多在 6—7 月产仔。此时狼、秃鹫等天敌也会在藏羚产仔场所附近游弋和徘徊，伺机捕食大小藏羚。

初生羚羊体重在 1.84~3.20 千克之间，它们在半小时内吃到初乳后就会站立，一个小时后就能蹒跚学步。大约经过一个月后，雌羊就会带着小羊长途跋涉，返回各栖息地与雄羊会合，直到下一个交配期到来。

2013 年 7 月，中央电视台推出了科考直播电视节目《2013，我们与藏羚羊》，首次以直播的形式展现了藏羚羊史诗般的迁徙过程。

**2.物种分布**

藏羚羊是高原动物，主要分布在青藏高原中部，拉萨以北，昆仑山以南，昌都以西直到中印边界的地区，偶尔有少数羚羊流入印度境内。其核心区在青海、西藏和新疆交界处的可可西里。这里平均海拔超过 5000 米，终年高寒缺氧，气候恶劣，自古以来被称为生命禁区。

正由于远离人类，可可西里成为一些野生动物的乐园，藏羚羊便是其中之一，它也因此被喻为“可可西里的精灵”。

**3.物种现状与保护**

藏羚羊生性温和、与世无争，长期以来与人类基本隔绝，处于自生自灭状态。不过，从 20 世纪 70 年代起，先是淘金者不断涌入，破坏了可可西里的土地和生态环境。然后是盗猎者的长驱直入，剥皮食肉，砍头挖角。再后来，“沙图什”（波斯文，意为羊毛之王，是一种以藏羚羊绒毛为原料的珍贵披肩，因其极其轻薄，能够从戒指中穿过，又被称为“戒指披肩”）贸易持续火爆，对藏羚羊绒毛的需求被炒到了不切实际的高度，导致盗猎活动日益猖獗。这一系列行动的后果，便是藏羚羊数量的直线下降，面临着灭绝的危险。

有人也许会问，羚羊生性机敏，行动迅捷，为什么容易被人盗猎。其实这与其胆小怕黑的天性有关。盗猎者故意在黑暗中接近羊群，然后打亮灯光直射，它们便会瞬间头晕目眩，呆立不动。即使逃跑，也只敢顺着灯光跑，灯光之外的黑暗之处根本不敢涉足。因此盗猎者只要端起冲锋枪或步枪扫射，往往是一扫一大片。由于藏羚羊主要价值在于绒毛，因此盗猎者并不把羊运走，而是现场剥皮，抛弃的尸骨成为秃鹫和豺狼的美餐，其状惨不忍睹。

受到灭顶之灾的藏羚羊在很长一段时间视人类，尤其是汽车为头号天敌，只要汽车出现，它们便会瞬间逃离。

「志愿者在青藏公路上为藏羚羊拦车让路」

为了保护藏羚羊，中国政府和国际组织做出了巨大努力，我国从1981 年起便禁止与它们相关的贸易活动。1988 年，将其列为国家一级保护动物，国家林业局于先后在新疆阿尔金山、西藏羌塘和青海可可西里设立了三个国家级自然保护区，对盗猎者严厉打击。此外，国际组织也通过各种措施呼吁印度的贾谟和克什米尔地区停止“沙图什”贸易。1997 年，中央电视台制作了《藏羚羊之死》的纪录片，揭穿了国际炒家所谓“沙图什”原料来自藏羚羊自然脱落绒毛的“国际谎言”，展现了暴利背后盗猎者活剥羊皮的残忍现实。从那时起，“沙图什”贸易受到了普遍的谴责。

值得欣慰的是，经过多年保护，我国野生藏羚羊的数量有所恢复，到2012 年，有关部门统计为 30 万只以上。虽然与历史最大值（200 万只左右）还有较大距离，但种群恢复的希望已大大增加。如今可可西里地区已经可以看见悠然觅食，甚至与牧人的山羊、绵羊一起吃草的藏羚羊，这在以前是不可想象的。这也说明，藏羚羊有出色的适应高原生活的能力，只要人类不去干扰，它们的重新繁盛就充满希望。

央视纪录片《藏羚羊之死》，在末尾引用了100年前一位英国探险家的日记。其中写道："从我们伫立的地方极目远望，有成千上万只母羚羊领着刚刚出生的小羊，母羊给它们哺乳，小羊有的卧着，有的和母羊嬉戏，它们缓缓西行，向水草肥美的地方迁移……"

人与自然、人与动物和谐相处的美好画面，温暖了探险家冷漠的神经，滋润了他已经枯涩的文笔；让他记录的文字有了脉脉温情和诗情画意。我们曾经拥有过样的景象，我们曾经毁灭了这样的景象，如今，这样的景象正在回归，但愿我们每一个人能够珍惜。

## ◉ 藏民之舟——野牦牛

"没有牦牛就没有藏族，凡是有藏族的地方就有牦牛。"这是十世班禅生前的名言。如今，位于拉萨的世界首座牦牛博物馆的展厅入口处就用藏、汉、英三种语言记录着这句话。

### 1.物种简介

野牦牛的DNA与家牦牛完全相同，两者杂交可以生下后代；牦牛也可与黄牛杂交，它们的后代——犏牛没有生育能力。因此，野牦牛可以视作家牦牛的野生物种，而与黄牛分属不同的物种。

不过，野牦牛与家牦牛品种虽同，珍贵性却完全不在一个档次。家牦牛数量在全世界牛科动物中仅次于除黄牛和水牛，而野牦牛却数量极少，几乎到了濒危状态，为我国一级保护动物。

「野牦牛」

与家牦牛相比，野牦牛体型更大、牛角更弯、毛更长、脾气也更暴躁。雄体牦牛身长可达3

米，重达1吨；雌牦牛体长在200~260厘米，体重500~600千克。它们全部披满长毛，其中颈、胸、腹部的毛几乎可以垂到地面，仿佛穿着厚厚的黑裙，不仅保暖，还可以防御敌害，卧冰饮雪。它们胸部宽阔，鼻孔粗大，而且血液中饱含血红蛋白，有助于储存氧气。它们尾巴又长又松，有利于驱赶蚊蝇；它们巨大弯曲的犄角可以抵御猛兽，这些都有助于它们在极端恶劣的高寒山区生存至今。不过，这也在一定程度上限制了它们在高原以外活动的能力。

雌性野牦牛喜欢群居生活，而雄性野牦牛在非繁殖时期一般独来独往，只在每年发情期的9—11月为争偶而激烈搏斗。胜利者可以占有一群雌牛，败者往往尾随群体伺机交配，或离开群体另觅新欢。有些雄牛还会下山与雌性家牦牛交配，甚至把雌性家牦牛拐上山去。

雌性野牦牛的怀孕期为8~9个月，翌年6—7月份产仔，每胎产1仔。幼仔出生后半个月便可以随群体活动，第二年夏季断奶，3岁时达到性成熟。野牦牛的寿命为23~25年。

**2.物种分布**

中国是野牦牛的原生地，全世界90%的野牦牛生活在我国青藏高原及毗邻的6个省（自治区）。其中青海、西藏的数量分居前两位；此外，野牦牛还分布于蒙古、中亚以及印度、不丹、阿富汗、巴基斯坦等国家，它们都与我国接壤。

青海高原牦牛、西藏高山牦牛、四川九龙牦牛和天祝白牦牛是我国最具特色的品种，前三种牦牛在长江流域均有分布，仅甘肃的天祝牦牛属黄河流域。

**3.物种价值**

牦牛几乎为藏民提供了一切生活所需，牛肉可食，牛毛和牛皮可做衣服，牛奶可饮或制成酥油茶。牛毛可制成帐篷，即使外面下雨也不潮湿。

牦牛的诸多脏器具有很高的药用价值。牛舌头上的肉齿晒干后可当梳子使用，可以说，它全身是宝。

「“高原之舟”——牦牛」

牦牛是牧民们驮运、乘骑的主要工具，牧民们每年更换草场，靠它驮运家当；在农区耕作，靠它承担拉犁、运货、运肥料；盖房建屋，靠它运送建材；从事贸易，靠它驮运货物。无论道路多么陡峭，负担多么繁重，牦牛总会昂举四蹄，稳步自如。尤其是在无路的高海拔地区，它无需为缺氧发愁。几乎所有的登山队员，其行李辎重全部靠牦牛运到指定地区。它们是藏民最重要的运输动物，由此也得到了“高原之舟”的称号。

而为了担负高原之舟的重任，牦牛付出了极大的代价。在央视纪录片《牦牛》中有一段镜头：为了生活需要，牧民们派出 6 头牦牛驮运登山者的物资穿过山口到海拔 6000 多米的营地。在登山者徒步行走尚且气力难支的地区，每头牦牛驮着 60 千克的重物在布满石碴、冰川的山上艰难前行。牧民们心疼地说：“那里没有路……翻越山口时很危险……过冰川时更危险，两边都随时可能掉下去。”看着沿途因劳累而死去的牦牛尸体，牧民们连连称：“它们真的很可怜，但是为了生活，还是要赶它们到那里去，它们真的很可怜。”

## 4.藏民的牦牛崇拜

牦牛数千年来与藏族人民相伴相随，并深刻地影响了藏族人民的精神性格。在 2014 年开办的西藏牦牛博物馆中，“牦牛精神”被归纳为“憨厚、忠诚、悲悯、坚韧、勇悍、尽命”，这也是藏民族的精神。

在藏族中，有一部分族源就来自古“牦牛羌”。与之相邻的还有白马羌、参狼羌等，它们显然把牦牛视为图腾崇拜物。藏族创世记神话《万物起源》中写道：“牛的头、眼、肠、毛、蹄、心脏等均变成了日月、星辰、江河、湖泊、森林和山川等。”这是藏族先民对其所崇拜的图腾牦牛加以神化或物化之后，驰骋其丰富的自然想象能力而产生的必然结果。如今在安多藏族地区还广为流传的藏族神话故事《斯巴宰牛歌》当中讲道：“斯巴最初形成时，天地混合在一起，分开天地是大鹏。”“斯巴宰小牛时，砍下牛头扔地上，便有了高高的山峰；割下牛尾扔道旁，便有了弯曲的大路；剥下牛皮铺地上，便有了平坦的原野”。又说“斯巴宰小牛时，丢下一块鲜牛肉，公鸡偷去顶头上；丢下一块白牛油，喜鹊偷去贴肚上；丢下一些红牛血，红嘴鸭偷去粘嘴上。”

「牦牛青铜器」

在藏区，从古到今留下了无数以牦牛为主题的建筑、雕刻、绘画以及文学作品，其中以1973年在我国甘肃天祝出土的牦牛青铜器最为著名。

在过去，牧民们往往将自己拥有的牲畜，尤其是牦牛的数量作为衡量财富的标准，如今，随着牧区草场的退化和国家退牧还草政策的实施，人们的生活正面临着历史性的改变，这种财富观念也渐渐变化。但牧民们与牦牛的依然保持着相互储存的关系，这样的关系经历了千百年时间与环境的考验，依然维系下来。藏民们依然对牦牛充满了同情与感恩。

## ◉ “六不像”——羚牛

在我国四大国宝级野生动物（大熊猫、金丝猴、朱鹮、羚牛）中，羚牛的个头最大，脾气最大，力气最大，但名气却最小。自然的选择，赋予它们“六不像”的奇特外貌；艰难的环境，让它们练出了诸多的绝活；而一次次生命的考验，让它们顽自强不息，坚忍不拔。

凭借着“一根筋”、“不撞南墙不回头”式的牛脾气，它们在险恶的大山中生存至今，这不能不说是个奇迹。

### 1.物种简介

羚牛为偶蹄目牛科羊亚科羚牛属动物，它们的名字鲜为人知，却与大熊猫、金丝猴、朱鹮并列，为我国四大国宝级的野生动物。

羚牛外形奇特，美国的动物学家沙勒博士对它有过一段总结：庞大隆起的背脊像棕熊，紧绷高翘的脸像驼鹿，又宽又扁的尾巴像山羊，锋利扭曲的双角像角马，短小倾斜的后腿像斑鬣狗，粗壮有力的四肢像牛；因此称其为“六不像”。

它们名虽为牛，体壮如牛，但在生理上更接近羚羊，因而行动比普通的牛灵活得多，就其接近半吨的体重而言，绝对可称杂技高手或运动健将。如它们可以站在比脚掌大不了多少的地方转圈，可以轻易翻越狭窄、陡峭的山梁，可以跳上 1 米多高的岩石或跃过 2 米高的树丛。这些其他牛科动物望尘莫及的特殊技能，使它们上山下山，纵横悬崖，如履平地，非常适应山地生活。

「羚　牛」

羚牛无论雌雄，都长有一对粗短的角，这对角在幼年时是直的，但随着年龄的增长，既不像羚羊那样向前直长，也不像鹿那样向侧外延伸，或如盘羊那般向外旋转，而是如反拧的麻花一样，先向外，再向后，最后向内紧贴于头顶，就像女孩子扎的麻花辫一般，它们也因此得名扭角羚。值得一提的是，这对角不仅向内收，而且中间是空的，布有很多血管，一旦破裂就满头是血，因此在抗御敌害时非但难以发挥作用，相反还会坏事，很难想象造物主为何把它设计成这个样子。

羚牛身上毛发厚密，能抵御严寒却不耐炎热。因此在一年中有垂直迁徙现象，即冬季时生活于低海拔阳坡，夏季时生活于高海拔的山顶或背阴坡。它们一般白天隐藏在树丛中，早晨或夜间出来觅食。喜欢群栖，一般每群二三十头，有时 50 头左右，在食物充足时数量更可达到百头以上。每群都由一只成年雄牛率领，牛群移动时，由强壮个体领头和压阵，其他成员在中间一个挨着一个地随后跟着顺小道行走。平时活动时也有一只强壮者屹立高处瞭望放哨。它们平时胆怯，但遇到敌害时，头牛会率领牛群向前冲去，势不可挡，直至脱离险境。

1990 年春，为了庆祝北京亚运会，国家林业局首次批准捕捉一对野生羚牛送往北京，据媒体报道，当地猎手在捕捉母羚牛时，协助猎捕的五条猎狗全部被愤怒的羚牛踩死或顶死，由此可见其强大的战斗力。

羚牛虽然勇猛矫捷，却是典型的“一根筋”、“牛脾气”，遇到天敌和偷猎者往往以死相拼，有勇无谋，不知隐遁，而且感官迟钝，经常毫无察觉地落入陷阱。

羚牛在每年 6—8 月发情，雄牛会为争夺配偶打得角破血流。胜利者获取与异性交配的优先权，失败者往往会离群成为独牛。雌羚牛的孕期约 9 个月，一般在次年的 3—5 月产仔，每胎一仔。它们的平均寿命为 12~15 年。

**2.物种分布**

羚牛分为 4 个亚种：高黎贡羚牛、不丹羚牛、四川羚牛亚种和秦岭羚牛亚种。其中后两者为中国特产，前两者除中国外，还出现在不丹、印度、尼泊尔、缅甸等国。产地不同，羚牛的毛色也不一样，大致是由南向北，毛色变浅。其中秦岭羚牛位置最北，体型最大，毛色也最为漂亮。遍体白色或黄白色，老年个体为金黄色，背中不具脊纹，吻鼻部和四肢为黑色。幼体通体为灰棕或棕褐色。秦岭羚牛主要分布于秦岭西段的周至县，此外在汉中、安康地区，甚至秦岭以北的蓝田、长安也有分布。据 1997 年国内专家统计，我国有野生秦岭羚牛约 1200 头。

**3.种群现状**

近年来，秦岭羚牛有区域缩小和数量递减的趋势，主要原因有三个方面：一是森林采伐，使它们失去了隐蔽场所，缩小了食物基地；二是人为干扰和捕杀；三是种群分割，孤立生存，基因交换少，导致近亲繁殖几率增大，这也是中国许多珍稀物种共有特点。

值得庆幸的是，羚牛虽是牛脾气，但如果从小培养，还是比较容易驯化的。在秦岭山区还曾经有群众捕获幼犊驯养后用以耕犁的情况。因其体质强壮，耐劳耐旱，非常适合于山区劳作，如有计划地开展驯养，不仅可保住种群，而且可以扩大畜源。

**4.物种保护**

羚牛的四个亚种均为国家一级保护动物。在秦岭羚牛生活区，除在柞水、宁陕建立了牛背梁自然保护区主要保护羚牛而外，还在太白山和佛坪两个国家级自然保护区以及周至县的金丝猴自然保护区，加以保护。近年已杜绝了盗猎现象。

「牛背梁自然保护区」

1990 年，林业部首次特批猎捕一对野生羚牛到北京饲养。经过两年努力，1992 年 10 月，北京动物园首次成功繁育出一头羚牛幼仔。这项成果荣获了当年北京市科技进步二等奖。不过，直到今天，羚牛的人工繁殖还有很多问题有待解决，因此全国有羚牛展览的动物园十分稀少。

## ◉ “四不像”——麋鹿

“麋鹿传奇般的历史让我们亦喜亦忧：成也由之，败也由之。人类的活动可以使一个相当繁盛的物种灭绝无迹，也可以使一个濒危的物种重新发展壮大，人类的能力的确是巨大的，但我们必须记住，我们不是无所不能的，我们不会让已经灭绝的东西起死回生，我们不可能重新创造一个物种，与其花大力气拯救一个濒危物种，不如我们及早觉悟，及早行动，保护自然，保护生态，这并不是一件困难的事。”

这是央视纪录片《麋鹿》中的一段解说词，也是最让人心动的有关麋鹿的文字。一些大型动物园饲养着为数不少的麋鹿，对麋鹿的直接认识应该都是从这些麋鹿开始的。

**1.物种简介**

麋鹿，是哺乳纲偶蹄目的大型鹿科动物。一般身长 2 米左右，体重 120~180 千克，最重可达 250 千克，比梅花鹿的体型要大出不少。

「麋　鹿」

麋鹿的外形，蹄似牛非牛，头似马非马，角似鹿非鹿，身子像驴非驴，因此被人叫做“四不像”（其实，由于它本身是鹿，因此更准确地说应该是“三不像”）。

与所有鹿类一样，麋鹿雄性长角，雌性无角。雄鹿角非常宽大，没有眉杈，角干在角基上方分为前后两枝，前枝向上延伸，然后再分为前后两枝，每小枝上再长出一些小杈，后枝平直向后伸展，末端有时也长出一些小杈；由于小杈众多，分布均匀，掉落的鹿角在倒置时能够站立不倒，这在鹿类中十分罕见。与一般鹿类夏天换角不同，麋鹿在冬天换角。而且有些人工饲养的麋鹿到了初春季节还要再换一次角，不过，这次换角的过程比较简单，掉下来的角也很小，远没有秋天换下的角那么壮观。

为适应环境，麋鹿每年脱毛两次，夏天为短而稀疏棕红毛；冬天为长而浓密棕灰毛，不仅保暖，也是保护色。

与一般鹿类相比，麋鹿的头较大，吻长，眼睛小却视力极佳；耳朵中等大小，可转动；尾巴在鹿类中是最长的，几乎可以垂到地面，以方便驱赶蚊蝇。此外，它的四肢粗大，尤其是主蹄能分开，趾间有皮腱膜；侧蹄发达，这些都使它适宜在沼泽地中行走。

按照动物越发展体型越大的原则，身材高大的麋鹿本应该比其他鹿类更适应环境，但事实并非如此。它们跑动速度不及梅花鹿，争斗能力不如驼鹿，庞大的身躯和鹿角容易暴露行踪，引来天敌。同时，它们身体为适应温暖湿润气候和沼泽环境产生的种种进化，也因为气候变冷变干，以及南方沼泽减小，而显得生不逢时。这决定了它们较易被天敌和人类捕杀。进入秦汉时期后，野生的麋鹿便迅速步入了灭绝的道路。

## 2. 物种故事

麋鹿最引人注目的，除了四不像的外形，就是其坎坷而传奇的命运。

麋鹿原产于中国长江中下游沼泽地带，后广布于东亚地区，据考证，北起辽河流域，南至钱塘江畔，西起汾河，东至沿海，都曾有麋鹿化石发现。“北京人”发现地的伴生动物中就有麋鹿，安阳殷墟也有麋角出土，那也是中国麋鹿最多的时期，此后，麋鹿就一直走下坡路了。

（1）逐鹿中原

周代以后，由于自然气候变化和人类影响，麋鹿数量急剧减少。尤其是秦末农民战争期间，“秦失其鹿，天下逐之”，大量的鹿类遭到捕猎屠杀。到汉朝末年时，再经过多年惨烈的战争，“白骨露于野，千里无鸡鸣”，留存不多的麋鹿大多落入饥民之口，野生鹿群近乎绝种，只有皇家园林豢养的少数麋鹿幸免。到元朝时，为了游猎需要，蒙古士兵将残余的麋鹿捕捉运到北方以供游猎。从此，野生麋鹿在自然界已经灭绝，人工饲养的到 19 世纪，只剩下在北京南海子皇家猎苑饲养内一群。

（2）法国神父戴维与麋鹿

中国许多野生生物，如大熊猫、金丝猴、绿尾虹雉、珙桐等，都是法国神甫戴维发现并介绍到世界的。1865 年他在北京传教时，从南郊清皇朝猎苑墙外窥见这种奇特的鹿类，于是用银子贿赂守卒，在夜间买走了麋鹿的皮张和骨骼，送到法国，法国科学家鉴定其为新种，并称其为“大卫鹿”。

「法国神父戴维」

尽管戴维获取麋鹿皮骨的手段并不光彩，但他这样做不是为了私利，而是为了他所热爱的宗教和科学事业。他毕生致力于生物学研究，在离开中国时，他带走了自己一辈子也研究不完的珍稀动植物标本，并赠送给各研究机关，为这些动植物的研究与保护做出了极大的贡献。直到100多年之后，这些动物仍因为他而受到关注，受到保护。

戴维神甫发现麋鹿后，西方多国公使、代办、教士，或明索，或暗购，从中国获得若干麋鹿，其中有据可查就有19头。这些麋鹿被养在欧洲的公园里，但因水土不服，有的半途病死，有的种群退化，据称仅有德国的一雄两雌有较好的繁育能力。

（3）麋鹿在中国的绝迹

1894年，因永定河泛滥，麋鹿的唯一饲养地——南海子猎场的围墙被冲毁，苑中的麋鹿大量逃亡，几乎被饥民们捕食殆尽。

1900年，外国侵略者攻入北京，盗取了城内所有残存的麋鹿，从此，麋鹿这一物种从此在中国消失。留在世界上的仅有欧洲人盗取的寥寥几头。

（4）贝特福公爵

随着时间的流逝，分别圈养于欧洲各个动物园中的麋鹿纷纷死去，整个麋鹿种群面临绝境。为此，欧洲各国达成共识，从1898年起，允许英国贝特福公爵出资将原饲养在巴黎、柏林、科隆、安特卫普等地动物园的18头麋鹿悉数买下，放养在伦敦以北占地3000英亩的乌邦寺庄园内。这是当时世界仅存的18头麋鹿，也是如今所有麋鹿的祖先。此后，这个种群发展到255头。二战爆发前夕，贝特福公爵把其中一部分送到欧美其他国家放养。

「北京南海子麋鹿苑」

西方列强盗取国宝的行为固然可恶，但他们对维持麋鹿种群做出的决定，还有贝特福公爵等人为保护麋鹿做出的贡献，我们不应一概否定。

（5）重回故乡

1956年，伦敦动物学会决定让麋鹿重回中国。选出了两对送于北京动物园，但繁殖技术不过关。1973年，伦敦又送来两对。经过繁殖后，一些麋鹿被送到全国各大动物园。1980年，中国政府制订了大规模引进麋鹿，并进行散养的计划，散养地点选择麋鹿在中国的最后栖息地——北京南海子。1985年8月，22头麋鹿被用飞机从英国运抵北京。时任乌邦寺主人的塔维斯托克侯爵先生在麋鹿赠送仪式上动情地说："对我和我们家族来说，能与中国合作将麋鹿送回故园，的确是一件极为振奋人心的事情。"当时英国首相撒切尔夫人在伦敦欢迎中国领导人胡耀邦的宴会上，也曾声称："麋鹿回归和香港问题的解决，是当今中英关系史上的两件大事。"

为迎接这批失散多年的"海外游子"，中国政府在南海子清皇朝猎苑遗址辟出近千亩土地，建成麋鹿苑和麋鹿生态实验中心，对鹿群进行了无微不至的照顾。在短短的20多年里，南海子麋鹿苑中的麋鹿不断繁育，南海子重新恢复了它特有的风貌。

**3.长江流域与麋鹿**

长江流域是麋鹿的故乡，也是适合麋鹿生长的地方。如今的中国麋鹿保护区，除了北京南海子，还有江苏大丰和湖北石首。石首在长江流域，大丰是海边滩涂，不属于任何一个大河流域，但其地与长江三角洲连为一体，因此算作长江流域应无异议。

（1）江苏大丰麋鹿自然保护区

江苏大丰麋鹿国家自然保护区创建于1986年，原为大丰林场的一部分。1986年8月，为放养从英国伦敦引入的39头麋鹿，专门设立。最初时核心面积仅为1000公顷，此外随着黄海海岸线不断向大海延伸，面积不断扩大，成为世界上占地面积最大、麋鹿数量最多并拥有最大麋鹿基因库的自然保护区。2002 年被列入国际重要湿地名录。这里的麋鹿数量已经由 1986 年建区时的 39 头发展到 2013 年的 1902 头，其繁殖率、存活率、年递增率均居世界之首。并分别于1998年、2002年、2003年成功举行了三次麋鹿野放试验，共放归麋鹿56头，现在野生麋鹿数量已达到196头，并在野外出现了子三代，结束了全球千年以来无完全野生麋鹿群的历史，为人类拯救濒危物种提供了成功的范例，使我国野生动物保护事业进入了一个新的领域。

（2）湖北石首麋鹿国家级自然保护区

石首麋鹿自然保护区位于长江与天鹅洲故道的夹角处，拥有泛洪沼泽湿地 1567 公顷，自然环境优越，土地肥沃，水质良好，牧草丰茂，是麋鹿栖息的理想场所。1991 年 11 月，经湖北省人民政府正式批准成立，1998 年晋升为国家级自然保护区，

「湖北石首麋鹿国家级自然保护区」

1993 年和 1994 年，石首保护区分两批从北京麋鹿苑引进麋鹿 64 头，由于环境适宜，因此仅在 3~4 年的时间内，麋鹿种群就翻了一番多，达到 134 头，且麋鹿的野性恢复良好，实现了自然放养的目标。2002 年，又从北京引进 30 头，到 2008 年，麋鹿总数已经超过 1000 头，而且在保护区内全部实现自然放养，恢复了野生习性。

麋鹿有着与其他鹿类不同的身体特点，更有着其他鹿类无法比拟的传奇历史。

麋鹿是中国的特有动物，自古就被统治者视为皇权的象征。

近 100 多年来，它经历了从积贫积弱的清政府手中彻底丧失，到改革开放后重回故土，再到如今伴随着中华民族的伟大复兴而逐步走上兴旺之路，几乎浓缩了中国从屈辱中奋进的现代史。保护麋鹿，不仅是保护一个物种，更承载了重大的历史责任。

## ◉ 花斑若穆——梅花鹿

几十年前，国人还可以在森林中见到野生梅花鹿的身影，同时，它们也是市场上常见的野味。随着森林的砍伐，以及无序捕杀，野生的梅花鹿已经数量稀少，成为国家一级保护动物。如今，这种被中国人赋予了宗教和文化色彩的美丽动物，正渐渐从我们的视野中消失，只能在公园里一展

它们的芳容。

**1.物种简介**

梅花鹿是一种中型鹿，因浑身遍布鲜明的白色梅花斑点而得名。

成年雄鹿一般体长 140~170 厘米，肩高 85~100 厘米，体重 100~150 千克，拥有一对大而尖利的角。雌鹿没有角，体型也要稍小一些。与一般鹿类相比，它们的脸较长，尾巴较短，臀部的白斑和脊背中央的背线也较为明显。它们的眼睛又大又圆，耳朵也大且转动灵活，视觉和听觉都很敏锐。同时，身轻体健，四肢修长，不仅跑动迅速，而且善于跳跃和攀爬，在遇到敌害时很少抵抗，而是逃之夭夭。此外，它们会根据季节的改变毛色，夏季毛色深而斑点明显，冬季毛色浅而斑点模糊，这是它们适应环境的保护色。

「梅花鹿」

梅花鹿特性机敏，常栖息于树林中，白天隐藏在灌木或草丛中休息，早晨或黄昏时出来活动。它们喜欢群居，每一个群体中都会有一只经过角逐而产生的雄鹿、一群雌鹿及年纪不同的仔鹿。在活动时一般是雄鹿先出来眺望片刻，然后是雌鹿出来，最后才是幼鹿出来。而且全部鹿出林后，仍要停息一段时间，直到确认没有危险后才开始觅食。在这个主群体外，还有一个由成年雄鹿临时组成“单身汉”群体，平时追随鹿群，到繁殖季节方才入群，通过“角斗”争夺交配权。

梅花鹿在秋季发情、交配，发情期约维持一个月，雌鹿的妊娠期约 230 天，到第二年初夏时节产仔。一般每胎仅产 1 仔，也有少数为 2 仔。产下的幼仔仅需几个小时就能站立起来，第二天可随母亲跑动。哺乳期为 2~3 个月，4 个月后幼仔便可以长到 10 千克左右。2~3 岁时性成熟，寿命约为 20 年。

**2.物种分布**

梅花鹿早在300万年前就已经出现，并广布中国东北、华中、华南及西北各地，也分布于俄罗斯东部、日本、朝鲜和越南等国。因为捕杀过度，一些亚种已经灭绝。

如今，我国共有六个梅花鹿亚种，即台湾亚种、东北亚种、北方亚种、山西亚种、南方亚种和四川亚种，其中后两种分布在长江流域。

**3.濒危原因**

野生梅花鹿在全世界都是濒危动物，它们濒危的原因，据徐宏发、陆厚基、盛和林、顾长明 1997 年所写的《华南梅花鹿的分布和现状》一文介绍，主要有以下几点：人类捕杀、栖息地减小并呈隔离状、家畜啃光牧草、豺狼等天敌的袭击。其中对于第一点，还专门解释道，以前人们只为得到鹿茸捕杀公鹿，不杀母鹿，因此对种群影响不大。后来因鹿茸升值，人们开始大量捕捉母鹿繁殖小鹿，导致种群受损。再到后来，随着鹿肉价格上涨，导致母鹿也难逃一死，这极大地破坏威胁了梅花鹿的生存繁衍。

不过，梅花鹿对环境适应力很强，如果人类不去干预，应该不会沦落到濒危境地。近年来，随着日本狼的灭绝，原本以为数量稀少的梅花鹿大量繁殖，重新繁盛也证明了这点。因此，保护梅花鹿最好的措施就是任其发展，不要干预。此外，梅花鹿性情温和，不挑食，而且繁殖力强，容易人工饲养，因此，世界各地都有数量较多的人工养殖梅花鹿。2008 年，世界自然保护联盟虽然将其列入濒危物种红色名录，但将其放在无危（LC）这个最低的级别。不过，在中国，野生梅花鹿仍然是国家一级保护动物。

**4.物种典型——江西彭泽桃红岭梅花鹿自然保护区**

彭泽桃红岭梅花鹿自然保护区在彭泽县，这里保护的梅花鹿属于华南亚种。根据徐宏发等人所著的《华南梅花鹿的分布和现状》，梅花鹿在20世纪60年代曾经还活跃于我国南方7省，但到他们著书的1997年就已经全面收缩到安徽、江西、浙江交界处的几个相互隔离的小片，并指出桃红岭自然保护区内可能有最大的一个种群。书中提供的资料是保护区设立于1981年，当时境内梅花鹿数量为60头，1987年为112头，1989年150头，“目前”（应该指实地调查时的1995年或1996年）200头左右。外行看似增长够快了，可学者们认为“增长缓慢，物种的分布仅限于保护区中。”

如今这里的梅花鹿怎么样了呢。笔者在浏览网页时，无意中看到了一则发表于2012年6月4日《浔阳晚报》的一条新闻，《打又打不得，赶又赶不走/梅花鹿吃庄稼农民很揪心/盼政府早日出台补偿办法，保护受损群众的利益》，透露当年的梅花鹿数量已经接近400头，虽然它们偷吃庄稼影响了农民的利益，但这个珍贵物种数量的增加，却是极大的好事。

据称，这里的梅花鹿起源于东晋的陶侃，这位战功卓著的将军，在功成身退，告老还乡之际，朝廷专门赐给它一对梅花鹿。陶侃将它们带回老家彭泽，放归桃红岭的自然界中。当地人相信，如今桃红岭的梅花鹿都是当年这对仙鹿经过千年繁衍下来的后代。

如果我们能够坚持这样，我们的野生动物保护何愁没有出路？

## 食肉动物

### ◉ 顶级国宝——大熊猫

无论在哪里，大熊猫永远是动物园的主角，胖乎乎的身体，圆圆的脑袋，又黑又小的耳朵，眼睛外面一对八字形的深黑眼眶，以及走起路来摇摇摆摆的样子，莫不让人想起“憨态可掬”这个成语。不过，很少有人知道，如今这个行动迟缓、以竹子为食的国宝级动物，它的真实名字应该叫“猫熊”，而且其祖先还是身手敏捷的食肉动物。它们至今仍保留着食肉动物的犬齿和消化道，从生物学研究来说，称它为“活化石”一点儿也不过分。

**1.物种简介**

大熊猫为食肉目大熊猫科动物，为我国的国宝。其外形早已为人熟知，这里不再赘述。

这里要指出的是，正如有人把亚洲黑熊称为狗熊一样，熊猫的正式名称是“猫熊”，因为熊猫与熊的相似度远大于猫。如今，熊猫的拉丁文学名是“猫熊”。不过，由于熊猫的称谓早已深入人心，要改过来也不容易，因此，习惯成自然，人们就称它为大熊猫了。

「大熊猫」

关于熊猫的起源，至今还没有令人信服的结论。但其个体经历了由小到大，其分布范围经历了由小到大又缩小的演变过程是确定无疑的。而且通过化石以及它们身上至今保留的犬齿及消化道结构看，它们的祖先毫无疑问地是身手敏捷、善于奔跑跳跃的食肉动物。只是由于人们尚不能完全熟知的原因，它们改变了食肉的习惯，以竹子为食，与之相应，犬齿退化，臼齿发达，而且因为无须四处捕捉动物，它们也越变越懒，体型越来越笨拙起来。

大熊猫生活于高海拔地区，并常常随着季节变迁而改变居所的海拔高度，即夏季居住于高海拔地区或山的阴坡，冬季时居住低海拔地区或者阳坡。它们以箭竹为主食，此外，它们还吃各类植物，偶尔也会食肉开荤。大熊猫在许多方面与熊类似，如视力很差，但听觉和嗅觉发达，能爬树，善游泳等，但它们不像熊那样有冬眠行为。在野生状态下，大熊猫是独居动物，平时独自在山沟竹林中转悠，只是在3—5月份才会翻山越岭相聚。雌性可以和几只争偶的雄性交配，同时一只雄性会寻找处于发情期的不同的雌性。交配的时间通常不超过4天。怀孕期大约为5个月。一般一次生1仔，少数情况下会生2仔，但只会喂养其中1只。初生幼仔只有10厘米长，体重在100~150克，肤色浅红，而且尾巴很长，不像熊猫，倒像一只老鼠。它们的哭叫声很洪亮，必须要母亲抚摸、拍打才能睡着。一周后，幼仔的耳朵、眼圈、肩部和四肢开始变黑，除了尾巴，已经与大熊猫无异。2个月后，眼睛睁开，蹒跚学步；3个月后开始长牙，五六个月后已经可以独自爬树；不过，直到1岁时它们才开始吃竹子，2岁才能离开母亲独自生活。

「熊猫幼崽」

熊猫的寿命为15~20年，在圈养情况下，武汉动物园的大熊猫“都都”活到了37岁，它也是全世界已知寿命最长的大熊猫。

**2.物种分布**

在远古时期，大熊猫一度相当鼎盛，在我国的华北、西北、华东、西南、华南以至越南和缅甸北部都发现了其化石。但到晚更新世时期（距今10万~1万年前），由于竹林面积的减少，大熊猫的分布范围也随之缩小。全新世（距今1万年）受人类活动影响，其种群衰落趋势越来越快，分布地越来越小，数量越来越少，逐步成为濒危物种。

如今大熊猫分布范围仅限于中国的秦岭南坡、岷山、邛崃山、凉山局部地区。就水系而言，全部属于长江流域，因此，大熊猫是长江流域的特有物种。

**3.物种现状及保护**

直到今天，濒危物种所承受的威胁在野生大熊猫身上都几乎都有体现。如因森林采伐导致栖息地缩减；长期以来无节制的盗猎导致种群数量减少；生境隔离导致野生种群近交增多，活力衰退；食性单一，一旦箭竹开花死亡将给它们造成巨大威胁。此外大熊猫还受到环境污染（如采矿）和天敌（如食肉动物）的威胁，以及自身生殖率过低的局限，物种前景不容乐观。

为此，我国采取多种保护措施对大熊猫实施保护。主要包括：

（1）立法保护。在立法方面已做了大量工作，先后制定了保护大熊猫等野生动物的多种法律法规，《野生动物保护法》将大熊猫列为一类保护动物；《森林法》和《环境保护法》也有确定。全国人大常委会于1987年通过的刑法补充案，对走私、捕杀大熊猫的违法行为，“将判处10年以上有期徒刑，可并处罚款和没收财产，情节严重的可判处无期徒刑和死刑并没收全部财产。”这些法律法规的制定为保护大熊猫等珍稀动物提供了法律依据对大熊猫的保护发挥了重要的作用。

（2）建立大熊猫“自然保护区”。自1963年以来，中国政府在大熊猫密集区和栖息地先后建立了10多个自然保护区，在保护、抢救濒危大熊猫的同时，进行治山治水，恢复植被，防治各种自然灾害，减少人类活动对大熊猫野外生息的干扰，为大熊猫的生存和繁衍提供良好的生态环境。通过以上措施，使大熊猫的处境转危为安。

此外，针对野生大熊猫自然繁育率低的问题，在成都、雅安碧峰峡等处设立了大熊猫繁育基地。

**4.卧龙自然保护区**

「卧龙自然保护区」

我国共为大熊猫设立了13个自然保护区，其中最重要的是卧龙自然保护区。

卧龙自然保护区位于四川省汶川县西南部，邛崃山脉东南坡，建立于1963年，是中国最早建立的综合性国家级保护区之一。最初面积只有200平方千米；1974年3月面积扩大到2000平方千米。1980

年，保护区加入联合国教科文组织“人与生物圈”保护区网，并与世界野生动物基金会联合建立中国保护大熊猫研究中心。如今的保护区总面积约7000 平方千米，是全国第三大自然保护区，也是四川省面积最大的自然保护区。

卧龙自然保护区是我国最早针对大熊猫的保护区，多年来，保护区着眼于建设一流的国家自然保护区目标，坚持保护和合理利用的方针，对大熊猫的保护和研究取得了突破性进展。1990—2001 年已成功地人工繁殖大熊猫 34 胎，51 仔，成活 42 仔。

**5. 物种趣事**

（1）最早的动物大使

垂拱元年（公元 685 年）九月十八日，两只“白熊”在长安宫廷卫队的护送下，乘着驿传快车，从长安出发前往扬州，然后随同日本遣唐使登上海船前往日本。这两只没有留下名字的“白熊”是武则天赠给日本天武天皇的礼物，也是中国最早出任“和平使者”的大熊猫。

（2）戴维神甫与大熊猫

西方人认识大熊猫是从法国神甫戴维开始的。

作为虔诚的天主教徒，戴维被法国天主教会三次派到中国，在传教之余，他把主要精力放到科学探险之中，鉴定并发现了数百个特种，其中包括著名的大熊猫和麋鹿（国际上也因此称之作“戴维鹿”）、金丝猴和珙桐。

1869 年 3 月，戴维在四川省宝兴县邓池沟第一次见到了被当地人称作“黑白熊”的大熊猫，职业的敏感使他断定“这可能会成为科学上一个有趣的新种”。当年 5 月 4 日，他的助手们捉到了一只活熊猫，可在计划运回巴黎时，死于途中。当戴维将它的皮送到巴黎国家自然历史博物馆展出时。却被人认定为他在熊皮上作假，因为他们根本不知道熊猫这种动物。后经该博物馆主任米甘勒·爱德华兹研究，确认它既不是熊，也不是猫，而是与 42 年前在中国西藏发现的小熊猫近似的一种大的猫熊，便正式定名为“大猫熊”。戴维当年采集的那具标本作为大熊猫的模式标本，至今还珍藏在法国巴黎国家自然历史博物馆。

（3）露丝与第一个出境的大熊猫“苏琳”

在戴维神甫发现大熊猫的67年之后，将活体大熊猫带到西方国家的梦想终于被一位顽强的美国女人露丝·哈克利斯实现了。

「露丝与大熊猫“苏琳”」

1936年4月，35岁的纽约女服装设计师露丝·哈克利斯为完成丈夫寻觅大熊猫的遗愿，带着25岁的美籍华人杨昆廷从上海乘坐木船到达成都，然后进入汶川的深山老林。当年11月9日，在一片大雪覆盖的竹林捉到了一只冻得麻木的熊猫仔——这就是西方人第一次见到的大熊猫活体。露丝以为它是雌性（后来证明是雄性），便用杨廷昆妻子的名字给她取名“苏琳”。随后立即带着苏琳迅速返回成都，飞到上海后，乘船回国。

当露丝和苏琳还在太平洋上时，捕获熊猫幼仔的越洋电报早已把消息传遍了美国。轮船在旧金山码头靠岸时，惊喜万分的美国人在码头上举行了盛大的欢迎仪式，苏琳被送到许多大城市展出，所到之处无不引起轰动。露丝和苏琳的故事成为畅销书，并搬上了银幕。

不幸的是，苏琳只活了一年，被做成标本永久陈列。

苏琳的出现，使大熊猫从博物馆走进大众，成为全世界的动物明星。熊猫在国内的地位迅速攀升。

从20世纪40年代开始，大熊猫一直是中国的“友好大使”。中国先后向苏联、朝鲜、美国、日本、法国、英国、西德、墨西哥和西班牙相继赠送过大熊猫。

「赠台大熊猫“团团”“圆圆”」

1999年3月，中央政府赠送给香港一对大熊猫“佳佳”和“安安”，入住香港海洋公园。为庆祝香港回归祖国和特区政府成立 10 周年，中央人民政府特别赠送给香港的一对大熊猫“乐乐”“盈盈”。澳门展出的首只熊猫是武汉杂技团来澳门的熊猫明星“英英”。中央政府送赠澳门特别行政区的一对大熊猫“开开”、“心心”。全国闻名的“团团”、“圆圆”于2008年12月23日前往台北木栅动物园定居，2013年7月，它们产下一个小宝宝，令台湾举岛关注。

来自中国的大熊猫，更得到全世界越来越多人的喜爱。

**6.物种前景**

有专家指出，从生物学的角度看，在漫长的历史发展过程中，大熊猫经历了始发期、成长期、鼎盛期，现在已开始进入衰败期。可以说已经进入了物种进化的死胡同，即使没有人类活动，被自然界淘汰的可能性也相当大。

「三月龄的大熊猫」

这种说法有一定的道理。但任何物种从出现到灭绝都是一个漫长的过程，都是自然选择的结果，也是进化的一部分。不过，由于人类活动的影响，大熊猫衰败的速度大大加快，以致其生物链上的替代者还不可能马上接班，因此，熊猫的过快衰亡必然造成生物链的断裂。所以，拯救大熊猫不仅是为了人为保住这个已经衰退的物种，而是顺天而为，让其按自然规律离开进化序列。目前，我国的大熊猫的保护工作取得了显著的成就。野生大熊猫虽然数量仍不是很多，但已逃离濒临灭绝的境地。人工繁育大熊猫的技术也越来越成熟，动物园的熊猫也是“人丁兴旺”，大熊猫受到自身条件的局限，或许不可能重新繁盛，但维持其物种在较长时间的安全，却是大有可为的。大熊猫也因此成为全世界珍稀动物成功保护的典范。

## ◉ “山门蹲”——小熊猫

很多人在没有见到小熊猫之前，会以为它们是大熊猫的幼仔。可是，当见到它们的尊容时，却无论如何不能将这个体型瘦小、五颜六色、而且拖着长长尾巴的小家伙与憨态可掬的大熊猫联系起来。后来，在驯养员的讲解下，大家知道了它与大熊猫没有关系。不过，这并不妨碍对它们的喜爱。而且说实话，它们虽然没有大熊猫珍贵，可是收留并展出它们的动物园却比大熊猫要少得多。我们要想一见它的芳容，还不见得比大熊猫容易哩。

在武汉动物园和九峰山森林动物园都有小熊猫展出，武汉动物园的小熊猫数量较多，而九峰山森林动物园的小熊猫更易与人亲近、交流。

**1.物种简介**

小熊猫，虽名为熊猫，但与国宝熊猫的亲缘关系还比不上北美或澳洲的浣熊。事实上，它们也被划入食肉目的浣熊科动物。

「小熊猫」

从外形上看，小熊猫像猫或狗，但比猫肥壮，比狗矮小，与长肥了的狐狸最为接近。它们的体长一般在40~60厘米，体重5千克左右。

小熊猫全身红褐色，因此在当地民间也称其为红熊猫。它们头部短宽，吻部突出，圆脸。耳大而直立，能够如兔耳般转动。尤其是嘴巴、鼻子和耳朵及双颊都有白毛环绕，煞是好看。它们与熊猫最大的不同，在于有一条几乎与身长相当的粗壮尾巴，尾上有明显的环纹，民间也有人以此称它们为“九节狼”或“九节狐”。

小熊猫四肢粗短，前后肢均具五趾，掌心长有厚密的绒毛，爪弯曲而锐利，能伸缩，这些都是食肉动物的典型特征。不过，与大熊猫和熊一样，如今的小熊猫身体笨重，行动缓慢，听觉与视觉和嗅觉都比较迟钝，想抓小动物吃也没那么容易了。因此它们求人不如求己，因地制宜，改变习性，除了吃肉外，更多吃箭竹的竹笋、嫩枝和竹叶，各种野果、树叶等，这些都与大熊猫有些类似。

小熊猫生活于2000~3000米的高山林区或竹林内。栖居在树洞或石洞中，凌晨和黄昏出洞觅食。平日栖居于大的树洞或石洞和岩石缝中。早晚出来活动觅食，白天多在洞里或大树的阴深处睡觉。睡时喜欢把头蜷缩在四肢中，前肢抱住头部，以尾覆盖在身上。在夏季多在阴坡有溪流的河谷活动，而到冬季则在阳坡河谷盆地，在降雪后甚至下到村庄附近的草坡、灌丛活动。尤其喜好在向阳的山崖或大树顶上晒太阳，故四川当地群众习称“山门蹲”。

小熊猫属于夜行性动物，大部分时间都在树枝上或是树洞中休息，只有在接近晚上的几个小时比较活跃。它们睡觉像松鼠一样，用长尾巴盖住身子，非常可爱。

它们与大熊猫一样，一般单只或成对或集小群活动。无冬眠习性，下雨、雪时多在岩石缝隙中或大树树阴深处躲避雨雪。它们一般在早春季节发情，妊娠期 120 天左右，每胎 2~3 仔，偶有 4 仔的。幼仔初生时身长约 20 厘米，体重 100 克左右，体色灰黄，闭眼。21~30 天才能睁眼，幼兽随母兽共同生活约一年，直到第二年母兽临产前才离开母亲，独立生活。

在武汉最容易观赏小熊猫的地方是九峰山野生动物园。那里的两只小熊猫与人只有一面矮矮的玻璃墙之隔，人站在那里，不仅可清楚地看到它们的身影，还可以隔着下层的铁丝网给它们喂食。每当你给它喂食时，它就瞪着那双水汪汪的眼睛，伸出毛茸茸的爪子在期待着，而且两颊抽动，仿佛竭力咽下自己的口水。你只要控制喂食的节奏，那么你就可以近距离地观察它的特征，而且也容易与它互动。

「小熊猫近照」

**2.物种分布**

在第四纪更新世时期，小熊猫曾广泛分布于欧亚大陆。不过，今天野生小熊猫的分布区已大大缩小，主要分布在中国的西藏、云南、四川等省、自治区。国外则见于印度、不丹、缅甸和尼泊尔。其中喜马拉雅山南坡是它们最集中的分布区，而它们在中国四川的分布区，则在很大程度上与大熊猫重合，同时，它们的诸多习性也与大熊猫类似，因此，中国小熊猫的饲养和科研，许多是与大熊猫结合在一起的。

**3.物种现状**

如今，无论是在中国，还是在南亚地区，小熊猫的分布区和种群数量都处于萎缩状态，它也因此被国际组织列为濒危动物，为国家二级保护动物。

它们濒危的原因，与大熊猫有些类似，既有物种发展进入晚期的内因，也有人为破坏、天敌影响等外因，其中，内因占据了主导地位，而外因也促使它们濒危的速度不断加快。不过，与大熊猫相比，小熊猫的食性较杂，食量不大，对环境的要求也不严格，而且，它们天性温和，易于驯服，很容易与人接近，并适应人造环境，因此，它们在物种上的处境比大熊猫要乐观得多。

不过，野生的小熊猫处境依然不妙，它们仍需要我们的保护和帮助。

## ◉ “熊瞎子”——亚洲黑熊

亚洲黑熊因面部似狗而俗称狗熊，又因为全身黑色，唯有胸前有一片月牙状的白毛，被称为月牙熊。作为数量最多的熊科动物，它们曾经广泛分布在我国山林。然而，一段时间内，人们或出于恐惧，或为获取熊皮、熊掌、熊胆，大量捕杀，加上大量砍伐森林，它们的数量持续减少，并由此成为国家二级保护动物。

2011 年的归真堂上市争议，让活熊取胆成为国人关注的重点，也为我国的野生动物保护提出了新的课题。

**1.物种简介**

亚洲黑熊是熊科动物中数量最多，也是我们在动物园最容易见到的动物。人们对它们最常见的称呼是狗熊，同时也因为它们全身漆黑，唯有胸前有一片月牙状的白毛，在站立起来时非常显眼，因此又被称为月牙熊。它们可以像人类一样直立行走，也能像人一样坐着，视力不佳，行动缓慢，很像上了年纪或反应迟钝的老人，而且外形及行动都充满憨态，因此很受游人喜爱。

在熊科动物中，亚洲黑熊居中等体型。一般雄熊体重60~200千克，肩高1.2~1.9米。雌熊体重40~140千克。它们身体粗壮，头部宽圆，吻较短。鼻端裸露；眼睛很小，视力退化。但嗅觉和听觉都很灵敏，据称顺风可闻到数百米外的气味，听到100多米外的声音。

「亚洲黑熊」

亚洲黑熊的祖先是食肉动物，因此其身体保留了许多食肉动物的特点，如足腕垫发达、四肢粗健、爪弯曲而尖利，等等。不过，但经过岁月变迁，它们现已成为以植物为主的标准杂食动物，无论是植物的根茎花叶或果实、种子，还是虾、蟹、鱼、鸟，无论是老鼠、蚯蚓，还是蚂蚁、蜂巢；无论是新鲜肉食还是腐肉，只要能吃，它们一律来者不拒。

与许多熊科动物一样，黑熊生性慵懒，行动迟缓，但它们却既能游泳，又能利用锋利的爪子爬树。对于幼熊来说，学会爬树是躲避敌害的最重要手段。它们在山林中生活，有随着季节的变化在山谷中垂直迁徙的习惯，夏季栖息在高山，入冬前从高地逐渐转移到海拔较低处，甚至到干旱河谷灌丛地区。如果气温持续降低到零度以下，还会有冬眠习性。此时，它们会在树洞、岩洞和地洞或暗沟处建立巢穴，提前大量进食，储存脂肪和热量。到了冬天则呆在洞中，不吃不动，直到第二年三、四月份气温上升，食物充足时结束冬眠，出洞觅食、活动。

亚洲黑熊为独居动物，只在交配时节才雌雄相会并短暂地共同生活，待雌熊怀孕后雄熊会自觉离开，由雌熊单独孕育和抚育幼仔。雌熊生育时一般一胎1~3只，刚出生的幼仔体型比老鼠大不了多少，眼睛也睁不开。1个月后方睁开眼，在春天暖和后跟随母亲出洞玩耍，并在首个冬眠期和熊妈妈一起生活，而到第二年冬天后独立生活。它们的寿命，在野生状态下为25~30年，在人工圈养条件下，可以活到35岁。

**2.物种分布**

亚洲黑熊的分布较广，遍布于东亚、北亚及西亚、南亚、东南亚的高海拔地区，主要的国家有印度、尼泊尔、日本、朝鲜、中南半岛、阿富汗、俄罗斯及中国。

在我国，除西北地区数量较少外，其余大部分地区都有它们的足迹，而以东北三省的黑龙江、吉林、辽宁及四川省的数量最多。这些地方大多森林茂密，人为影响较小。

**3.种群现状**

据世界自然保护组织的红色保护名录提供的数据，中国野生黑熊的数量，东北亚种有1000~1500头；四川亚种遍及南方，数量在8200~12500头；西藏亚种有2500~3500头；喜马拉雅和台湾黑熊数量已很少；海南岛上的熊已多年不见踪迹，恐已绝迹。因此，中国黑熊的野生种群估计为12000~18000头，最高估计也不过2万头。

因数量渐趋减少，许多国家将黑熊被列为保护动物。在我国，它们属于二级保护动物。

黑熊濒危，有其自身繁殖能力较弱的原因，但主要是人为因素，如对熊皮、熊掌，尤其是具有药用价值的熊胆等熊产品的需求。为了提取熊胆，直到今天，仍有不少亚洲黑熊被囚禁在笼中过着极其悲惨的生活，它们的寿命往往只有正常寿命的三分之一。

**4.归真堂上市事件及动物驯养**

2011 年，福建归真堂生物发展有限公司公开了上市计划。其公开材料显示，归真堂公司是一家以稀有名贵中药研发、生产、销售为一体的综合性高科技中药制药企业。形成了完善的黑熊养殖、熊胆系列产品的研发、生产和销售业务体系，已发展成为国内规模最大的熊胆系列产品研发生产企业之一。公司养殖黑熊近 400 头，年繁殖小熊可达 100 头以上，为中国南方最大的黑熊养殖基地，主要利用人工繁殖的第二、三代黑熊获取熊胆原料，采用引流熊胆汁技术，替代剖腹取胆的方式。

「漫画——归真堂“活熊取胆”」

然而，上市计划刚刚透露，并引起国内舆论强烈抵制，NGO（国际非政府组织）联合 72 位名人向中国证监会上书，称“归真堂一旦获批上市，将引发各界对自然生态环境保护问题的激烈争辩，并可能对政府职能部门监管能力和公信力产生质疑。因此，恳请证监会及有关部门慎重考虑，对归真堂的上市申请不予支持及批准。”

2013 年，迫于各方压力，归真堂不得不放弃上市申请。不过，上市审查期间，国家林业局野生动植物保护司总工程师严旬表示，归真堂只要符合国家法律就应上市，并强调我国野生动物保护法中的三句话，一是加强资源保护，二是积极驯养繁育，三是合理利用，一度引起轩然大波。

归真堂上市风波，给我国的动物保护提出一个新的课题，如归真堂提出它们采胆的不是野生黑熊，而是人工饲养的，不是子一代，而是第二、第三代；它们采取的取胆方式相对文明等等。这便涉及到野生动物人工繁殖的利弊得失和保护与开发的尺度问题。

人工繁殖对保护珍稀野生动物种群的作用无疑是正面的，但单纯保护不仅耗资巨大，而且在许多发展中国家难以为继。而过于强调开发，势必导致商业化，违背保护初衷。如何确定在开发中保护，在保护中开发的边界，以及人工繁殖的野生动物应享何种福利，以及如何避免开发后刺激消费，反过来刺激非法偷猎等等，还有很多未解难题，我们在这方面也有很长的路要走。

## ◉ 王者雄风——华南虎

在动物王国中，老虎的体型不是最大的，但能够真正与之一决雌雄的猛兽，几乎没有。曾几何时，华南虎如同王者一般啸傲于我国的南方，它斑斓的毛皮、雄壮的身姿、矫健的身手，让人向往，又让人恐惧。不过，由于人类的捕猎和对森林的蚕食，华南虎失去了称雄自然界的能力，曾经威风八面的它们早已威风扫地，只能凭借动物园中人类的施舍而勉强维系着种群的生存。它们的复兴之路依然是那么漫长。

### 1.物种简介

华南虎又称“中国虎”，生活在中国南部。在虎类中属娇小型。一般体长1.3~1.9米，尾长1米，体重在180~300千克之间。

「华南虎」

与其他虎类相比，华南虎头较长，体型修长，腹部较细，体色较深，更接近老虎的直系祖先——中华古猫，可能是如今所有虎类的最早出现的一种。它们的视力和嗅觉发达，善于奔跑、游泳，论跳跃能力，可以从10多米的高处一跃而下，可以跨过四五米的山沟，也可以跃上三四米高的障碍，但不擅长爬树。

作为凶狠的肉食动物，华南虎在着出色的视听能力、它们的眼睛很大，瞳孔可根据光线的明暗程度放大或缩小，因此，视力为人类的6倍，无论是伸手不见五指的黑夜，还是日光直射的正午，都能看清猎物。它们的犬牙长达7~9厘米，像尖刀一样，可轻易撕碎猎物。它们前肢有五趾，后肢有四趾，全都有伸缩自如的爪子。它们掌拍击的力量可达1000千克，咬合力可达450千克。不过，由于不善长跑，它们在猎食时一般采取匍匐偷袭的手段，待猎物进入有效范围内突

「华南虎扑食」

然跃起，扑倒猎物，然后用牙齿捂住口鼻令其窒息或直接咬断脖颈，直到猎物断气后才松口。它们的食量很大，平均每天要吃6千克的鲜肉。食物多时，一次可吃17~27千克的鲜肉，体型大的甚至可以吃下35 千克。如果一次吃不完，也会把吃剩的食物藏起来，待以后再吃。它们的猎物多是大型哺乳动物，如牛、肉、鹿等，有时也吃小动物，如鸟、鱼、猴子等。为了帮助消化，有时也会吃点草。老虎会吃人，但一般不敢主动攻击人。不过一旦成功一次，它们便会由此上瘾，成为职业化的“食人虎”和“盗食虎”。

华南虎多在夜间活动，尤其是一早一晚时最为活跃。不过，在远离人类或寒冷地区，白天也会出来溜达。其活动范围在食物丰盛的夏秋季节较小，而在冬春季节较大，一般可达70平方千米。

大多数野生华南虎都是独行侠，只有三种情况例外：①发情时的雌虎与雄虎；②雌虎带着年幼的孩子抚育；③刚离开母亲还没有分手的兄弟姐妹。它们没有固定栖息场所，但都有大小不等的领地，一般而言，一只雄虎的领域内可能会有不止一只的雌虎，而雌虎们的领域并不重合。雌虎对自己的领地严防死守，而雄虎们则相对宽容一些。

华南虎的发情期在每年的12月到次年2月，怀孕期约105天，每胎1~5只，通常为两只，初生的小虎体重只有1千克左右，大约10天开眼，哺乳期约6个月，它们一般在母虎身边跟随2~3年，随后独自行动。雌虎在3~4岁时性成熟，雄虎在4~5岁时性成熟。

野生华南虎的寿命为20~25年，在圈养条件下，可以活得更长一些。

**2.物种分布**

华南虎栖息地并不局限于华南，还曾广泛分布于华东、华中、西南的广阔地区，以及陕西、陇东、豫西和晋南的个别地区。直到新中国成立初期，我国还有4000多只华南虎，数量比其他三种虎类（东北虎、印支虎、孟加拉虎）加起来还多。但后来遭到大量捕杀，野生华南虎基本绝迹，多种地毯式考察均未发现其踪迹。尽管有些学者仍没有放弃希望，但考虑到其种群生存所需要的苛刻条件，野生华南虎存在的可能性已经微乎其微。

**3.物种现状**

我们今天所见到的华南虎全都是人工饲养的，它们虽然无法与野生老虎相比，但因过于珍贵，全部处于一级保护状态。

我国对华南虎的圈养始于1955年的四川，最早实现人工繁殖则始于1963年的贵阳黔灵公园。截止到2001年，38年中，全国圈养华南虎共有122胎产仔287只，除32只死亡外，存活雄体151只，雌体104只。在46年的圈养历史中，最大年龄约24岁（雌体），在圈养条件下存活了22年。

截止到2010年10月，全国共有16家动物园饲养华南虎，苏州、粤北和福建龙岩还建立了繁育基地。共人工饲养华南虎100只。其中上海动物园共有25只，数量居全国首位；其次是洛阳王城动物园，共有19只。上海动物园于2010年9月建立了华南虎幼儿园、托儿所，用于训练华南虎幼崽，为全国首创。

**4.物种趣事**

（1）周老虎事件

2007年10月，陕西省林业厅公开了镇坪县农民周正龙用数码相机和胶片相机拍摄的华南虎70多张照片，并奖励周正龙人民币2万元。不过，该照片真实性受到来自网友、虎专家、法律界人士和中科院专家等方面一致质疑，并引发中国乃至世界的关注。2008年6月底，政府宣布周正龙拍摄虎照造假，13位大小官员受到处分；11月17日，周正龙因诈骗和私藏枪支弹药罪，被判有期徒刑2年6个月，缓刑3年。2010年4月，因违反监管规定，被安康中院裁定取消缓刑，收监服刑。最终于2012年4月

27日刑满出狱。

（2）全莉与华南虎

2002年11月，40岁的全莉同中国林业局签署中国虎野外放归计划的合作协议，将上海动物园的两只小老虎“国泰”和“希望”送往南非的“老虎谷”，接受野化训练。协议规定，如果“国泰”和“希望”能在2006年初繁殖成功，到2008年北京举办奥运会时，第一批在南非野化的老虎后代将及时返回中国。

「全莉与华南虎」

可惜的是，截止到2013年，在南非的老虎已经繁衍到第三代，数量也从5只到了15只，但受限于东北虎巨大的活动范围和食物数量，以及移民搬迁的难度，国家林业局始终没有找到适合安置野化训练华南虎的地方，导致老虎们迟迟不能归国。这个项目的发起人全莉夫妇也因此离婚，为拯救华南虎所设立的中国虎南非信托机构的所有资产或将被法院冻结，而老虎生存之地南非老虎谷的土地及项目运营资金均由该信托机构提供。

这些在海外生存的华南虎，一直让人牵挂。

## ◉ 豹中精灵——云豹

云豹是世界上最小、最古老，也是最濒危的豹子。它们生活隐秘，离群索居，即使是最有经验的动物学家也难以觅其芳踪，但在东南亚的猎人们对它们却了如指掌。它们因数量濒危而被全世界禁止买卖，但它们美丽的毛皮却不断在交易市场公开销售。森林的砍伐和非法交易，让它们一步步陷入灭顶之灾。科学家们和动物保护组织大声疾呼，停止杀戮、停止买卖，否则，我们的孩子只可能在动物园，甚至博物馆中看到它们的标本。

### 1. 物种简介

云豹属猫科动物豹亚科，是最小、最原始的豹类之一。因身体两侧有大块云状的暗色斑纹而得名。这些斑纹周缘近黑色，而中心暗黄色，状如

「云　豹」

龟背饰纹，故又有“龟纹豹”之称，它们有“豹中精灵”之称，是我国一级保护动物。

云豹体型娇小，体长70~106厘米，体重在10~25千克之间，大约只有狮虎的十分之一。体色金黄，口鼻部，眼睛周围，腹部为白色，黑斑覆盖头脸，两条泪槽穿过面颊。它们头颅较小，口鼻突出，牙齿很大，其犬齿与身体长度的比例在猫科动物中排名第一，犬齿与前臼齿之间的缝隙也较大，与史前已灭绝的剑齿虎相似。这样它们就更容易杀死较大的猎物。

云豹的四肢短而粗壮，爪子非常大，脚踝可以向后转动，尾巴很粗，而且几乎与身体一样长，因此具有很强的爬树本领，能倒挂着在树枝间移动，也能以后腿钩着树枝在林间荡来荡去，甚至可以凭借巨大的爪子头朝下爬树，这在猫科动物十分罕见。深色的云纹和斑点构成了云豹天然的伪装，当它安静地蜷伏在树枝上时，无论是树下经过的人，还是天上飞过的鸟，都很难发现它。因此，它的食物不仅包括地面的各种动物，还有树上的猴子和小鸟。尤其喜欢在树上守候，出其不意地跃下捕食毫无准备的猎物。居住于人类生活区的云豹还偷吃鸡、鸭等家禽，但一般不会伤害猪、牛、马等大型牲畜，也很少攻击人。

云豹虽然是豹，但其生活习惯却类似于猴子，很喜欢在树上休息，但在地面上的狩猎时间比在树上更长。因此，主要栖息于亚热带和热带山地及丘陵常绿林中，最常出现在常绿的热带原始森林，但也能在次生林、红树林沼泽、草地、灌木丛和沿海阔叶林中生活，垂直高度可达海拔1600~3000米，环境温度在18~50℃之间。据称曾有人在喜马拉雅山脚下海拔3000米的地区见到过它。

云豹喜独居。雌云豹多在冬春发情，性周期20~26天，孕期85~93天，于春夏产仔，每胎可以产下2~4只幼豹，多为2只。幼豹出生体重140~170克，眼睛没有张开，完全没有保护自己的能力。在出生12天左右张开眼睛，在五周内会变得很活跃，哺乳期 2 个月左右，大约到 10 个月大时可以独自生活。云豹约在一岁半时发展到性成熟，雌云豹每年可以怀胎一次。圈养的云豹可以活到 17 岁，野外的云豹约可以活 11 岁。

云豹一般奉行一夫一妻制，一旦找到意中人，便终生只与之交配。

野生的云豹性情凶猛，常常会出现自相残杀的情况，雄豹咬死雌豹，雌豹咬死幼豹，这造成了自身繁育的困难，也给人工繁育增加了难度。因此，今天我们对狮子、老虎等大型猫科动物人工饲养、繁育早已十分成熟，而饲养云豹并使之安全生产后代，却一直很不理想，如何维系云豹这个种群依然是件让人头疼的事。

**2. 物种分布**

几千年前，云豹曾经广泛分布在亚洲南部，如印度、孟加拉国、整个东南亚（包括马来西亚和印度尼西亚），以及中国的南方地区。然而，由于农业的发展，森林的砍伐，它们的栖息地受到很大影响，因此上述地区至少有一半以上不见它的踪影。今天的云豹，主要分布在东南亚的越南、老挝、泰国、缅甸，以及我国长江流域及其以南地区。

**3. 物种现状**

由于云豹的习性特殊，即使是最有经验的动物学家也对其知之甚少，因此对于野生云豹的具体数量，几乎无法取得可靠的数字。世界自然保护联盟估计总数少于 10000 只，并警告数量在不断下降中。

导致云豹濒危的原因，主要包括：①森林的砍伐；②盗猎以获取皮肉；③林区狩猎减少其赖以生存的食物；④农业用地的扩张；⑤非法的国际贸易和走私及个别地区的宗教需要（如台湾原住民以猎杀云豹作为英雄的象征；部分亚洲人认为拥有一张云豹皮是身份的象征。在部分东南亚地区，强劲的市场需求更是为此推波助澜）。

在中国，云豹数量较多是江西、福建、湖南、湖北、贵州等省，在

20 世纪六七十年代，每年可猎获的云豹皮产量均在 100 张左右，四川、浙江、广东等省每年数十张。从 20 世纪 70 年代开始，数量趋于下降，1998 年后数量略有回升，估计中国保有资源量不过数千只；分布于陕西秦岭和河南的云豹已濒临绝迹。

在东南亚地区，尽管还存在较多适合云豹生存的森林，但由于非法的野生动物贸易，它们至今仍大量遭到捕杀。尽管世界各国对这些非法贸易给予一致谴责，但受制于贫困，以及非法贸易的可观利润，许多人以此牟利，更多的人以此为生，简单取缔难度极大，而且似乎并不可行。这种现象一直持续至今。

「赤水桫椤自然保护区中的云豹」

**4.物种保护**

中国将云豹列为国家一级保护动物，建立了保护云豹在内的自然保护区，如：湖南桑植八大公山保护区、江西宜黄华南虎保护区等。在广西更多一些。

**5.物种传说**

有关云豹的传说，以台湾地区居住民布农族流传的云豹和黑熊毛皮的由来最为有趣。

布农族古老的传说中讲道，台湾地区的黑熊和云豹皮毛的颜色本来都很难看，它们常常为此叹气诉苦。有一天，黑熊向云豹提议，彼此帮对方用颜料化妆。老实的黑熊替云豹涂上美丽的颜色和花纹，可轮到云豹替黑熊化妆时，云豹却起了坏心眼，决定把黑熊弄得比原来更丑。于是云豹叫黑熊闭上眼睛，然后随地抓把黑色的烂泥，上上下下地在黑熊身上乱涂，然后逃走。黑熊发觉自己除了胸前一块 V 字形的皮毛还是白的外，全身都被涂黑了。于是非常愤怒，朝着云豹逃走的方向追去。云豹不管怎么跑都躲不开，只好答应每次打猎后一定留一半猎物给黑熊，但它们皮毛的颜色却保留了下来。这很巧妙地解释了亚洲黑熊胸前的白色月牙，以及云豹见到黑熊便抛弃食物的现象（实际上是打不过黑熊），体现了人类在解释它们无法理解事物的能力。

## 6.无法禁绝的买卖

湖南卫视曾经播放过一部名为《云豹之谜》的英语纪录片，记录了在东南亚地区公开的野生动物交易。虽然，事情与中国、与长江流域无关，但揭示了云豹濒危的秘密，在此也稍作介绍。

纪录片集中反映了位于泰国、缅甸、老挝交界处的大其力镇的野生动物交易市场，在东南亚，云豹在名义上是禁止交易的，可是，在大其力市场，许多珍稀动物产品都在公开销售。云豹的犬牙被拔下来当作装饰品，皮毛被制成衣服，肉被当作男人的高档滋补品，骨头被用来泡酒制药，真正到了食肉寝皮、物尽其用的地步。市场上甚至还有活的小豹子出售，它的命运很难预料。纪录片有两个细节，一是动物保护人员用100美元买下了两张豹皮，并委托老板送到宾馆。老板们满口答应，并保护随时可以提供更多的云豹制品。二是动物保护人员还聘请当地猎人当寻找云豹的向导，发现他们对云豹生活习性、出没地区的了解远胜于科研人员。

「云豹幼崽近照」

纪录片中有几段话让人感受颇深，大意是：“贫穷、军事冲突、毒品交易，都使这里成为世界上最无法无天的地区之一，以及购买和销售濒危野生动物的中心。东南亚的云豹数量大减”；“走私兽皮越是容易，潜在市场就越大，于是就会有更多的濒危动物出于利益而被杀害”；“越来越多的云豹被杀死、销售、贩运，云豹的贸易正在泛滥，在为时未晚之前，它急需被禁止。”

对于盗猎者比科研人员更了解云豹，片中也探讨了原因：“这些偷猎者虽然知道它们可能会被判入狱长达四年，但是仍然猎杀云豹，一张云豹的皮能为他们赚50美元，在泰国这大约是一周的工资。”“这些猎手比科研人员更容易找到云豹的原因，就在于时间和金钱。由于收益丰厚，他们愿意在森林里做20天的旅行。他们不仅白天狩猎，晚上也是如此。”

马克思曾经对金钱有过相当犀利的描述，“当利润达到10%时，便有人蠢蠢欲动；当利润达到 50%的时候，有人敢于铤而走险；当利润达到100%时，他们敢于践踏人间一切法律；而当利润达到300%时，甚至连上绞刑架都毫不畏惧。”

莎士比亚在《雅典的泰门》中对黄金有过一段精辟的揭示：“金子!黄黄的发光的，宝贵的金子!这个东西，只这一点点儿，就可以使黑的变成白的，丑的变成美的，错的变成对的，卑贱变成尊贵，老人变成少年，懦夫变成勇士……”

严令禁止的野生动物交易在这里泛滥，原因正在于此。云豹数量减少的根源，主要也在于此。但愿这样的情况有所改变。

## 其他动物

### ◉ 西南三友——金丝猴

金丝猴身上引人关注的地方很多，蓝色的面颊、浓密的毛发、长长的尾巴，以及善于表达喜怒哀乐的生动的脸，都使它比其他的猴子更令人关注。中国人喜爱它身上金灿灿的长毛，称它为“金丝猴”。然而，法国传教士戴维和博物学家米勒·爱德华兹却注意它们的朝天鼻，为它们取名为“仰鼻猴”。

后来，人们在更多的地方找到更多的同类猴子，它们都有朝天鼻，却没有一只猴子拥有哪怕一根“金丝”。

这从一个侧面说明，追求真理一定要透过现象去寻找本质，而且有时真理只掌握在少数人手中。

#### 1.物种简介

金丝猴是一个不大的家族，目前世界公认的有四种，分别是川金丝猴、黔金丝猴、滇金丝猴和越南金丝猴；此外，还有缅甸金丝猴和怒江金丝猴有待认定。我们能见到的主要是前三种，它们都生活在长江流域及附近地区。

「金丝猴」

川金丝猴是其中最常见、数量最多、发现最早，也是唯一披有金丝的，它们因体色金黄，俗称“黄金丝猴”。黔金丝猴体型比川金丝猴略小，但尾更长。因体背灰褐，而俗称“灰金丝猴”。它们数量最少，仅分布于梵净山周边。滇金丝猴比川金丝猴还大，但尾巴稍短，因身体较黑，又称“黑金丝猴”。

川金丝猴是金丝猴家族的形象代表，大约体长 80 厘米，雄性体重可达 30 千克，雌性略小一些。它们头顶正中有一片向后越来越长的黑褐色毛冠，两耳长在乳黄色的毛丛里，胸腹部为淡黄色或白色，臀部的胼胝为灰蓝色。与一般猴子相比，它们有三大特征，一是几乎与身子等长的尾巴，二是背上长长的鬃毛，三是小而上翘的鼻子。因此，中国人称它为“长尾巴猴”、“金丝猴”，而国外为它取的拉丁文学名为“仰鼻猴”。

金丝猴是与人类相貌和智力水平最为接近的猴子。天蓝色的面孔、大大的眼睛、厚厚的嘴唇，尤其是鼻孔朝天的小鼻子，一遇下雨就会进水。为了避雨，它们要么躲在树下或岩石中，要么以手捂鼻，要么以尾巴掩着鼻子，最无奈时干脆把头低下来埋在腰间，但多数情况下仍然会被呛得“噗噗”直响，让人忍俊不禁。古人见此情况，误以为金丝猴的尾巴分叉，下雨时用两个尾巴尖堵住朝天的鼻孔，其实这没有任何依据。

金丝猴属树栖的植食性动物，它们一年到头不停穿梭于树林中，每天花大量时间取食植物的嫩芽、叶以及各种松萝、苔藓、地衣，到了竹笋拔节时节，还会下到地面取食。同时也有证据表明，它们也吃昆虫和鸟类的卵。

与所有猴类一样，金丝猴是群居动物。每群由几个家庭组成，每个家庭中由一只雄猴、数只雌猴，以及年龄不等的小猴组成。

「金丝猴群体」

群体活动时，总会有一两只猴被安排在高处放哨，一旦遇险便马上报警，整个猴群会瞬间跑得无影无踪。一般而言，小雌猴一直随群生活，而雄猴长大后会被赶出家门，与同龄的雄猴重新结群，时刻准备打败占据雌猴群统治地位的雄猴，并取而代之。不过，据研究，金丝猴雄性替代的过程比一般的猴类温和一些。即失败后的猴王并不被打死，或撵出猴群，而是自甘退位，在雄猴的单身汉群中厮混，直到终老。猴群数量随季节和地域有所变化，小群二三十只，大群动辄上百只，最大的一群据说数量超过 300 只。

金丝猴在秋季发情、交配，此时雄猴们会因争夺配偶而争斗，只有胜利者才有与雌猴交配的权利。雌猴怀孕期约 6 个月，在春季产仔。初生的幼猴体重 500 克左右，行动灵活，非常可爱。它们不仅受到母亲的照顾，还会受到父亲和“阿姨”，即同群有血缘关系雌性金丝猴的关爱。在动物园中甚至出现拿了人家幼仔不愿归还的情况。这与其他动物很不相同，而与人类社会真有一点相似。

**2.失而复得的奇迹**

除了川金丝猴外，滇金丝猴和黔金丝猴都经历过从发现到误以为灭绝，然后重新发现的经历。其中最传奇的当属滇金丝猴。

滇金丝猴最早发现于 1890 年的云南白马雪山，发现者是法国传教士的彼尔特，七年后，米勒·爱德华为其正式命名。但此后 60 多年，它们便音信全无。直到 1960 年，彭鸿绶在德钦县偶然收集到 8 张猴皮才知道它们依然健在，而且当地人对它们一点也不陌生，并常年狩猎，并公开贩卖。不过，此后的 20 多年，科学家对它仍然是“见尸不见猴”——多次见作为药材的猴骨，可就是见不到活的猴子。在他们的不懈努力下，国家于 1983 年设立了白马雪山自然保护区，直到 1985 年，科研人员才目睹了活的滇金丝猴，1993 年才将其完整影像资料展现给世人。

黔金丝猴与之类似，英国生物学家汤姆斯 1903 年在梵净山考察时发现它的踪迹，但直到 1963 年，科考人员才在梵净山再次发现。此间的 60 年，人们也以为它们早已灭绝。

### 3. 物种分布

川金丝猴是整个金丝猴家族中数量最多，也分布最广的，它们以四川盆地为中心，广泛分布于我国甘肃东南部、陕西南部、湖北西部以及云南、贵州的部分地区。一般夏天生活于在海拔 2000 米左右的林区，冬季到 1500 米左右的林区。滇金丝猴的分布范围较小一些，主要在滇西北和藏东南角，北起西藏芒康，南至云南云龙的狭窄高山深谷地带，面积不足 2 万平方千米。其栖息地海拔在 3800~4500 米，是世界上少有的数个居住于雪线附近的灵长类动物。而黔金丝猴的分布区最小，仅在梵净山附近极小的地方。海拔高度比川、滇金丝猴都要低，冬季多栖于海拔 500~800 米的河谷阔叶林，夏季则多见于海拔 1400~2200 米的阔叶混交林。

「川金丝猴」

### 4. 种群现状

由于金丝猴发现较晚，很难获得它们过去的种群状况的第一手资料，不过，根据当地人的描述，金丝猴在以往是较多的，分布区也比今天广。由于森林的砍伐以及人类活动和狩猎的影响，它们的生存状况不断恶化，数量也不断减少。

近年来，随着国家退耕还林政策及人们保护意识的增强，我国三种金丝猴的数量都有一定程度的提升。2014 年 5 月 13 日，在成都动物园召开的川金丝猴保护研讨会对外宣布，我国川金丝猴在野外的总数有 20000 只左右。2013 年，在云南考察的中法生物学家联合考察团推算，滇金丝猴

「黔金丝猴」

数量为3000多只。而黔金丝猴的数量，笔者综合有关媒体报道，在2008—2010年之间稳定在850只。虽然这个数量与其鼎盛时期还有差距，但较于几十年前已经大大增加。而且，考虑到许多猴子藏于深山，实际数字应该比这更大一些。

同时，我国对这三种金丝猴进行的人工养殖和繁育均获得成功。尤其是川金丝猴，在许多动物园都可见到。

不过，尽管如此，野生金丝猴，尤其是滇金丝猴和黔金丝猴的种群数量依然较少，还没有摆脱濒危状态，川金丝猴虽然数量稍多，但也没有从根本上摆脱困境，它们在很长的一段时间内仍是国家一级保护动物，仍需要我们的关怀和帮助。

## ◉ 长江女神——白鳍豚、江豚

很多人没有见过白鳍豚，估计以后见到它的机会也不大了。10 多年来，科考人员多次在长江上进行地毯式搜查，也发现任何一条白鳍豚的蛛丝马迹，尽管这不足以说明它已经绝迹，但至少说明，它们存活下来的可能性微乎其微。我们或许不得不接受这么一个现实，被称为“长江女神”的白鳍豚正与我们渐行渐远。今后可能只能在照片、视频及文字中欣赏它们的倩影了。

### 1.物种简介

白鳍豚是一种与海豚相似的小型鲸类，一般体长1.5~2米，体重75千克左右。外表像鱼，却是哺乳动物。它们在祖先最早生活于陆地，然后进入海中，大约在2000万年前进入长江淡水区域，便定居下来，成为世界少有的纯淡水鲸类。

白鳍豚虽然生于水中，但必须不时浮出水面呼吸。它们的鼻孔长于头顶，有活瓣控制，潜水时关闭，出水时打开，呼出的气流带着水花四溅，远远望去就如小小的喷泉。它们的嘴巴又尖又长，牙齿细密，但逮到鱼后却不咀嚼，而是整个吞下，由三个胃室慢慢消化、吸收，因此，它们的胃口很大，也可以较长时间不吃东西。白鳍豚的视力已经退化，但练就了如蝙蝠一样的回声定位系统；可以说又是千里眼、顺风耳。此外，它两个脑半球可分别轮流觉醒和睡眠，都为我们留下不解之谜。

「昆明动物博物馆内白鳍豚标本」

受身体结构影响，白鳍豚的泳姿不是左右摆动，而是如蝶游般上下起伏，它们胸鳍、尾鳍、背鳍相互配合，而且皮肤能够清除身边湍流，从而游动速度奇快，还没有声音。

白鳍豚的发情期多在冬春之交，怀胎期 10~11 个月，于次年 2 月生仔，一次一胎，抚幼期为一年，因此，生殖周期为两年。与海豚一样，白鳍豚喜欢群体生活，尤其是雌豚带领小豚时更易于结群。在过去人们常能看到它们成群活动，时而跃上江面，时而潜入水底，时而追逐鱼群，时而打闹嬉戏，不过，这已是很久以前的事情了。

**2.物种分布**

在远古时期，白鳍豚曾经“人丁兴旺”，随处可见。据科学家的估计，至少在魏晋南北朝时期，长江中的白鳍豚数量至少超过 5000 头。但到后来，活动区域渐渐缩小，只限于长江中下游及与其连通的洞庭湖、鄱阳湖、钱塘江等水域中。

新中国成立后，白鳍豚最重要的栖息地有 5 个，分别是湖北的石首、洪湖，江西的湖口，安徽的铜陵，以及江苏的镇江。

### 3.物种现状

近几十年来，白鳍豚的数量一直呈下降之势。1979 年，中国政府将白鳍豚定为“濒危水生动物”。1986 年，中国专家在国际会议上宣布，白鳍豚已不足 300 头。同年，白鳍豚被国际自然环保联盟列为世界 12 种最濒危的动物之一。1993 年，有关专家再次发出警告，白鳍豚数量已不足百头。在 20 世纪 90 年代，白鳍豚在洞庭湖与鄱阳湖湖区已经绝迹。2000—2006年，有关方面曾多次进行过地毯式搜索，尚未发现一头白鳍豚。

没有发现并不一定表明不存在，但用武装到牙齿的先进科考船，长时期、大范围的地毯式考察仍一无所获，至少说明它们几近灭绝。即使长江里还有少量我们没有发现的“漏网之鱼”，但其数量也难以维系种群的生存，白鳍豚可能真的已经离我们远去了。

「白鳍豚纪念币」

白鳍豚的远去，有内在原因，如种群数量稀少、繁殖率低，而且盲人摸象般的回声定位系统无法适应千变万化的长江环境。也有外因，如人类对鱼虾的过度捕捞使白鳍豚失去了食物（人类最后发现的几只死亡的白鳍豚基本都是腹内空空，瘦骨嶙峋），水质污染导致其大量死亡，以及船舶行驶干扰其回声定位系统，导致其方向感丧失、行为紊乱，甚至误把螺旋桨当作猎物，结果自取灭亡。

事物的变化有内因，有外因，内因是变化的依据，外因是变化的条件。白鳍豚无法适应不断变化的新环境，是其衰亡的主要原因；但人类的活动却大大加快了其衰亡的速度。如果我们能像保护大熊猫那样保护白鳍豚，那么它们的命运可能会比现在理想得多。

### 4.物种保护

为了拯救白鳍豚，延缓其最终退出历史舞台的进程，中国政府做了许多工作，如通过宣传强化人们的保护意识，在主要栖息地设立保护区；从 20 世纪 80 年代起，还对白鳍豚的人工繁殖进行了尝试。

著名的白鳍豚保护区，有湖北洪湖的新螺段和石首的天鹅洲等。前者成立于1987年，1992年升级为国家级自然保护区。后者是1972年长江裁弯取直后留下的故道，1990 年兴建了白鳍豚自然保护区。这两处江段支流众多，沿岸还有一些突出的矶头，从而能够控制江水的流向流态，形成较多的深槽和大洄水区，此外，这里的鱼类资源极其丰富，为白鳍豚提供了充足的天然食料。是白鳍豚理想的栖息水域，可惜的是，这里没有发现它们的踪迹。

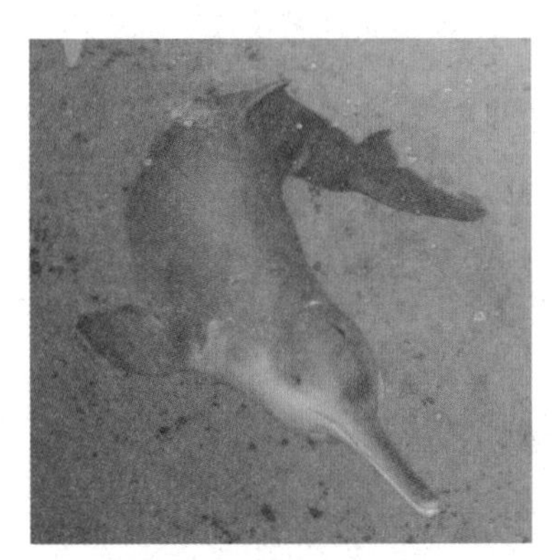
「唯一人工长期饲养的白鳍豚——“淇淇”」

对白鳍豚的人工养殖，则仅在武汉的中科院水生所进行，主要养殖对象，是动物明星淇淇，我们今天有关白鳍豚的画面和影像资料，大部分是它留下的。

淇淇的生日无人知晓，但在1980年1月11日渔民在洞庭湖水域被捕获时，年龄很小，而且迷途搁浅、遍体鳞伤。中科院水生所对它进行救治，并一直养育了22年，直到2002年孤独离世。在此期间，国家花大力气寻找白鳍豚，但结果不佳，好不容易为它找到的生活伴侣——雌性江豚珍珍也没有活过几年。淇淇一生的绝大多数时间都是在人工水池里孤独度过的，这说起来都让人遗憾。

**5.白鳍豚的近亲——江豚**

白鳍豚被确认功能性灭绝后，以往针对白鳍豚的保护措施逐渐转移到了它的近亲——长江江豚身上。

江豚与白鳍豚相貌与生活方式类似，但头部前端没有长长的嘴巴，因此看上去没有白鳍豚可爱，其珍稀程度也稍逊一些，为二级保护动物。随着白鳍豚的基本灭绝以及它们的数量也急剧下降，江豚如今已经基本享受到原本属于白鳍豚的待遇。如中科院

「江　豚」

水生所原本饲养淇淇的水池养育了江豚。2005 年 7 月，在中科院水生所饲养的雌性白鳍豚珍珍生下了雄性幼仔“淘淘”，这是世界上首例人工饲养条件下自然繁殖成功的江豚。

天鹅洲、洪湖以安徽铜陵等地的保护区也接纳江豚入住，经过几年时间，江豚数量下降的趋势终于有了缓解。不过，由于困扰江豚生活的许多人为因素，如水质污染、船舶航行、捕捞鱼类等依然存在，江豚，尤其是野生江豚的生活环境仍在恶化。在 2012 年，长江流域多个江段出现了江豚死亡事件。有专家分析，如果种群数量锐减得不到改善，未来 15 到 20 年江豚可能灭绝。

但愿这一天，永远不要到来。

最后以王丁教授的话来表达一个共同的心愿吧。

“我们大家在一起这么多年，都是为了一个共同的心愿，就是让白鳍豚和江豚自由自在地在长江里生活，当然我们不得不非常遗憾地承认，白鳍豚可能已经没有这个机会了，但我们不希望这个事件在江豚身上重演。这是我们大家的希望。”

## ◉ “无一物可上之”——中华绒螯蟹

“世间好物，利在孤行。蟹之鲜而肥，甘而腻，白似玉，而黄似金，已造色香味三者之至极，更无一物可以上之。”这是清代文李渔对中华绒螯蟹，也就是俗称的大闸蟹的评价。自古以来，鲜香绵延、回味悠长的大闸蟹就触动着国人的舌尖，打开了国人的味蕾，甚至勾起了他们对于故乡，对于美味的记忆。

### 1.物种简介

知道中华绒螯蟹的人不多，但知道大闸蟹的人不少，其实大闸蟹就是中华绒螯蟹的一种。中华绒螯蟹因两只大螯上有黄色的长绒毛而得名。而大闸蟹得名的说法有好几种。一是古人“以簖捕蟹”，即用竹或芦苇筑起一道道小闸，让螃蟹有来无回；二是人们食蟹时，喜欢用草绳将螃蟹捆住然后用开水烧煮，吴语称“煠一煠”（煠与闸音近）；三是因为这种螃蟹在江海回游时必须经过一道道大堤闸坝，笔者比较认同第一种说法。

「中华绒螯蟹」

大闸蟹为节肢动物门软甲纲十足目动物，外貌与一般螃蟹并无区别。体近圆形，绿背白腹，额部两侧有一对带柄的复眼。头胸甲额缘和前侧缘都有4个齿突。腹部平扁。小蟹出生时腹部为三角形，雌蟹长大后腹部变圆，俗称“团脐”，而雄蟹保持原状，俗称“尖脐”。它们有5对步足，其中第一对状如钳子，内外缘密生绒毛，用于取食和抗敌，另4对用于行走。雌蟹有4对腹肢，密生刚毛，内肢主要用以附卵。雄蟹仅有2对腹肢，特化为交接器。

它们喜挖洞或隐藏在石砾、水草丛中，是杂食性动物，以水生植物、底栖动物、有机碎屑及动物尸体为食。

中华绒螯蟹在淡水中度过大部分时间，但必须回到海中繁殖。雄蟹的寿命在第一次交配后即结束，雌性也会在两个月后的小蟹孵化完成时死去。因此，它们的寿命视性成熟情况而定，性成熟快的只能活一岁，性成熟慢的可活到三、四岁；一般寿命为两年。即第一年在淡水中生长，第二年秋季性成熟后，游到河口或近海半咸半淡的水域交配。雄蟹死亡，雌蟹将受精卵附着在腹肢的刚毛上，到更咸的深海过冬。经过30~60天后，产卵死亡。卵先孵化出溞状幼体，再经过多次变态后发育成为幼蟹，然后溯江河而上，在淡水中继续生长，进行着另一轮的生命轮回。

小蟹出生时见不到父母，但如何知道沿着父母的轨迹回到江湖之中，这尚无法得到科学解释。

中华绒螯蟹的生殖洄游在每年9—11月，这也是最佳的捕捞季节。

### 2.物种分布

中华绒螯蟹的自然分布区主要在东亚地区。在中国，北自辽宁鸭绿江，南至福建九龙江、西到湖北宜昌均有分布。不过，一般认为上海崇明岛出产的蟹最为正宗。

在过去，中华绒螯蟹数量众多，史书中还曾出现了“元成宗大德丁未，吴中蟹厄如蝗，平田皆满，稻谷皆近，蟹之害稻，自古为然”的记载。

直到新中国成立初期，它们依然数量惊人。不过，此后由于江河建闸、捕捞过度以及水体污染，从 60 年代开始，河蟹年产量急剧下降，如今野生蟹已经十分罕见，成为国家二级保护动物。不过，人工饲养的螃蟹数量尚多，种群安全还是有保障的。

**3.物种价值**

中华绒螯蟹的首要价值当然是吃，而且不同时间吃的内容也不一样。农历九月食母蟹（此时黄满肉厚），十月食公蟹（此时膏足肉坚）最为合适，即民间所说的“九月圆脐十月尖，持蟹饮酒菊花天”。有好事者还有意在九月末十月初时将雌蟹与雄蟹配对出售，名曰“夫妻蟹”，那更是绝配。煮熟的大闸蟹色泽由青变红，肉质爽滑，让人闻之垂涎三尺，食之停不下来。

除食用外，中华绒螯蟹还富含蛋白质、脂肪及维生素A、核黄素、烟酸，其发热量超过一般鱼类的营养水平。不过因螃蟹死后，体内的蛋白质很快分解，会产生有毒物质，不宜食用。因此只可食活蟹。

**4.崇明岛、阳澄湖与大闸蟹**

崇明岛是中华绒螯蟹的故乡，阳澄湖是中华绒螯蟹最佳的栖息地，它们共同使中华绒螯蟹名闻天下。

中华绒螯蟹之所以亲近崇明岛，是因为崇明岛位于长江入海口，其咸淡水交汇处是螃蟹最重要的产卵场。1000 多年前，这里的渔民早已掌握了中华绒螯蟹的生殖洄游规律，因此，捕捉蟹苗犹如守株待兔。

在新中国成立前，崇明岛的渔民们一直捕捞野生蟹。此后，野生蟹数量骤减，有关部门从 70 年代起在这里利用天然海水或人工海水进行人工育苗，均获成功。不过，由于它们的育肥长大需要在淡水中进行，崇明岛不具条件，因此，这里渔民只将蟹苗养到纽扣大小，等其需要淡水生活时卖往全国各地。

在全国众多养蟹基地中，阳澄湖是最著名的，因为这里水域辽阔，水质清纯，水草丰茂，为绒螯蟹的生长提供了理想条件；当地人不仅有多年养殖经验，而且注重品牌意识，因此这里的蟹在形态和肉质较其他地区更胜一筹。

除阳澄湖大闸蟹外，全国还有许多较为著名的大闸蟹品种，如太湖的“太湖蟹”、吴江汾湖的“紫须蟹”以及河北白洋淀的“胜芳蟹”，等等。我们湖北的梁子湖大闸蟹也是后起之秀，每到深秋蟹肥季节，从湖北各地前来赏景品蟹的人也是络绎不绝。

值得一提的是，世界各地都有螃蟹，但并不是所有人都吃螃蟹。如欧洲的一些国家原来不产大闸蟹。在19世纪后期，它们随国际贸易的轮船漂洋过海，由于食物丰富且缺乏天敌，加上欧洲人不吃螃蟹，从而数量剧增，不仅与当地物种激烈竞争，还四处打洞破坏堤岸和排水系统，成为生物入侵的典型。有网友发言，空降中国吃货到欧洲，定能变害为宝。这是笑话，但反映出人类活动对野生动物的影响，也进一步说明大闸蟹本来就不是珍稀的濒危动物，它的沦落到濒危地步，完全是人们吃的结果。

「美食——螃蟹」

然而，在中国又有几人能忍得住它美味诱惑呢？

## ◉ 千娇百媚——桃花水母

在武汉市东湖海洋世界有一块《我们的生活需要水母的品格》的展板。上面写着这样的文字，“水母来到我们身边，她的刚柔并济给人以启迪。看着她那娇媚温柔的英姿像飘在天上的伞，浮在云中的月，在水中游弋时又像长发女孩。在欣赏她柔美的同时，我们也不得不感叹她的顽强。

看似柔弱的她曾经见证恐龙的兴衰。她是生命的奇迹，是生存智慧的典范。经常观赏水母，可以让我们更好地体悟品格的力量。”

桃花水母也是如此，尽管学者们对于它们是不是“活化石”、“水中大熊猫”、“水质苛求者”还有很大争议，但它们以自己的方式延续着生命的奇迹，为我们了解物种的遗传、进化提供了依据。而且有关它们的美丽的传说也始终给我以美感，以启迪。

**1.物种简介**

桃花水母又称“桃花鱼”，因其形似桃花，且常在桃花开放时节出现得名。在我国，桃花水母是一个较大的家族，地域不同，颜色不同，出现时间也有差异，并非全为红色、白色，也并不是只在春季出现。

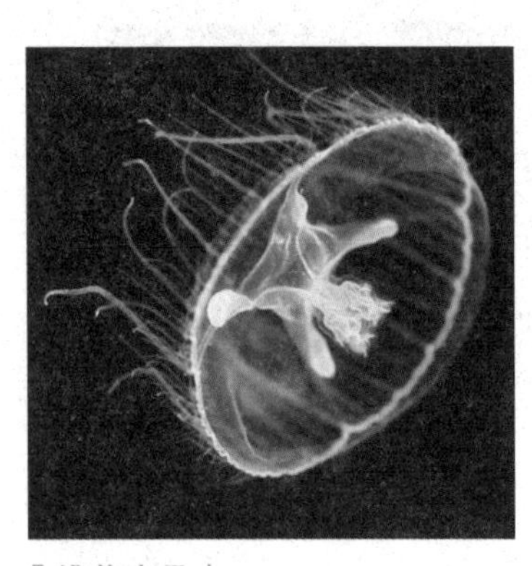
「桃花水母」

水母早在6亿年前就已出现，很可能是包括人类在内高级动物共同的祖先。它们属非常低等的腔肠动物，大多生活于海水，只有少数在淡水中生存，桃花水母就是其中一种。

对于桃花水母的分类，学术界有不同声音，有人认为中国有9种；有人认为只有一种——中华桃花水母，不同地方出现的，只是它下面的变种。它们的生命历程包括有性繁殖和无性繁殖两套生殖系统，以及水螅体和水母体世代交替现象。具体而言，是水母体的卵和精子在水中受精发育成浮浪幼虫，幼虫附着在水底成为无性水螅型。水螅体有三种生殖方法：普通出芽法、侧生无纤毛浮浪状芽体和产生水母芽。前两种产生新的水螅体，后一种产生有性水母体。

值得一提的是，桃花水母绝大多数时间是以水螅体形式存在，水螅体长不足1毫米，没有触手，没有口道，胃腔中也没有隔膜，它们附着在水下砂石上，人们几乎无法发现。只有在条件合适时才会形成水母体，水母体曾伞状，有内外两个皮层，中间布满胶质；伞周还有触手，可以为人们所发现。可惜的是，桃花水母大约只能生存有一周到一个月时间，一旦发育成水母体，就意味着它们的生命也走到了尽头，这也是它们突然集中出现，又突然毫无征兆消失的缘故。

**2.物种分布**

有关桃花水母的数量和分布，存在着不同意见。有的人认为，它在全世界都有分布广泛，在中国主要分布在长江流域的四川、湖北、江西、湖南、浙江，此外，在福建厦门、河南信阳、东北松花江流域及台湾、香港地区也有分布。而有些学者为了证明它的珍稀，称它们只在长江极个别地区才有分布，在其他地区出现的都不是桃花水母，这一说法显然难以成立。

**3.物种现状**

有关桃花水母的价值及生存现状，学术界同样存在较大争议。总的来说，有濒危派和非濒危派。前者认为，中国的桃花水母虽然种类多，分布广，但因环境污染和生态破坏，真正能采到桃花水母的地方少之又少，甚至比大熊猫还要稀缺。这一珍贵物种面临灭绝，亟需保护。后者则认为，桃花水母其实并不稀缺，我们难以看到，是因为绝大多数地区和时间，它们以我们肉眼无法看到的水螅体存在。这些水螅体在许多地方都有，根本不是稀缺资源，不需保护。

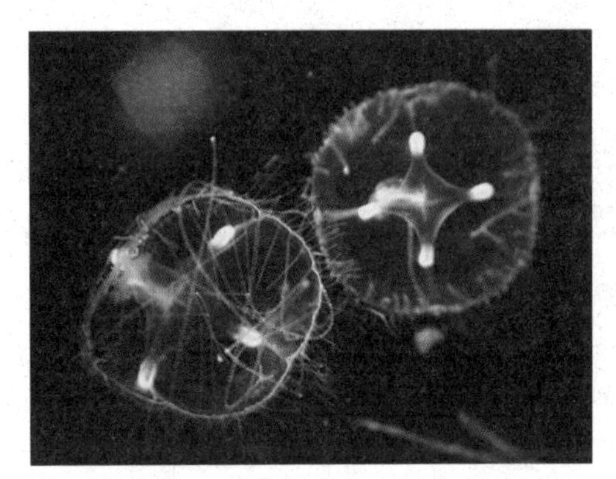

「桃花水母」

与此相关的，还有它们对生存环境的适应性，有人认为它们只存在于洁净、无污染的水中，它们的出现是水体变好的标志，也有人认为，它们也能在较差的水质中生存。

越来越多的证据表明，桃花水母非濒危，且能在污水中生存，可能更接近于事实。

**5.物种趣事**

（1）最早发现桃花水母的地方——宜昌

在动物学上，世界上首次记录桃花水母是 1880 年在英国伦敦发现的索氏桃花水母。但在中国古籍中，有关于桃花水母的记载要早得多，而且主要集中在宜昌地区。如1609年《归州志》中有“桃花鱼”的记载。1726年《古今图书集成》中对其有细致的描述，这种认识至少早于欧美各国270多年。

宜昌不仅是最早记录桃花水母的地方，也是中国第一个桃花水母——宜昌桃花水母的发现与命名地。这一品种是1907年由日本人川井发现的。

（2）桃花鱼的传说

出产桃花水母的宜昌市秭归县，正是古代四大美女之一王昭君的故乡。在当地，桃花鱼还与王昭君联系在一起，成为一个美丽动人的故事。

相传，当汉元帝决定让王昭君远嫁匈奴和亲前，恩准她返回故里，探望父老乡亲。在告别那天，乡亲们送了一程又一程，难舍难分。昭君登上龙舟，抱起心爱的琵琶，弹起哀婉动人的别离曲。弹到感人处，江边盛开的桃花竟纷纷飘落，有的落在船上，有的落在她身上，昭君不禁潸然泪下，泪水洒落在桃花瓣上，又漂入江中。于是这些沾满泪水的桃花瓣纷纷变成了五颜六色的小鱼，追随龙舟游动。昭君深情地赐给它们一个美丽的名字——桃花鱼。

从此，每当桃花盛开的季节，桃花鱼便在香溪清澈的水中游来游去，好像和故乡的亲人们一起呼唤昭君的归来。至今香溪的老人们还说：每当桃花盛开，明月当空的深夜，有时就能听到古代妇女衣服上金玉饰物的撞击声。

（3）三峡工程与桃花水母

湖北宜昌是三峡工程的淹没区，三峡工程建成蓄水后，桃花水母的命运如何，一直令人牵挂，曾有人断言这一物种将从地球消失，引起了许多人对工程的疑虑。

然而，事实胜于雄辩，如今的三峡库区，桃花水母非但没有减少，相反却有数量增多、种群扩大之势。而且很多原本从未发现桃花水母的县市，如北京、无锡、西双版纳都出现了它的“倩影”。这足以说明，三峡工程的生态问题远没有一些人所想象的那么可怕。也从另一方面说明，随着环保意识的增强，中国的桃花水母不仅不会灭绝，相反还可能“大兴于天下”。

# 植　物

长江流域区地域辽阔，包括暖温带、亚热带、热带三个气候带，涵盖高原、山地、丘陵、盆地和平原诸多地形地貌，跨越近30个经度，11个纬度，海拔从最低点0米到最高点的7556米。复杂的自然条件，为野生植物提供了理想家园；纵横交错的山脉，在远古时阻挡了冰川的侵袭，为许多珍贵植物留下了仅有的血脉。

保护珍稀的野生植物和珍稀树种，就是保护生物多样性，也是保护我们自己的家园。

# 裸子植物

## ◉ 植物化石——水杉

水杉，说起来很普通，也许我们每天都会经过一片水杉林。它们的树形和球果与松树相似，但叶子却是羽毛状的。只要手指沿着叶轴滑动，两旁对称的小叶便会随风飘散。

「水杉叶」

其实，水杉是国家一级保护植物，让我们来了解它的野生种群是何等珍贵，它们的身世是何等传奇。

### 1.物种简介

水杉是裸子植物门杉科植物，国家一级保护植物，也是著名的孑遗植物、活化石。

水杉为单轴型，树干笔直，一通到顶，比枝条强壮得多，可长到 30 余米。树皮为灰色或褪色，在幼树时呈薄片脱落，长成大树后呈条状脱离。大枝不规则轮生斜展，小枝对生而下垂。树冠在幼树时呈塔状，长成后如人老长胖一样，树冠呈广圆形，树枝也逐渐下垂。羽状复叶长 10~20 厘米，在小枝上对生，到秋冬时与枝一同掉落。

「水杉球果」

水杉发育较慢，一般要到 16~18 岁才出现球花，能结种子。40 岁以上才能大量结子。其球花为单性，雌雄同株。雄球花对生于无叶的小枝节上，而雌球花则生于有叶的小枝顶端。球果有长柄，下垂，近球形；每个球果有种鳞 20 多个，为木质，盾形，基部为楔状，每种鳞具 5~9 个种子，种子扁平，周围具窄翅。

水杉适应性强，喜阳光，生长快，繁殖容易，抗病虫害能力强。20 年左右便可成材，可供建筑、板料、造纸等用。此外，它们外形端庄秀丽，树干挺拔，枝叶扶疏，叶色翠绿，入秋后变为金黄，全树貌似宝塔，可于公园、庭院、草坪、绿地孤植、列植或群植，也可成片栽植营造风景林。

## 2. 物种分布

古生物学家发现，远在 1 亿多年前的白垩纪时期，水杉的祖先就已经分布于北半球的偏北地区，如北美、西欧、西伯利亚以及中国的东北和日本北部。此后，由于气候变暖，它们逐步延伸到北极圈附近。到距今 6000 万年的第三纪时，水杉属植物达到极盛，有 10 个种，遍及整个北半球。然而，随着第四纪冰期的到来，地球急剧变冷，水杉几乎全军覆没，只在极少数幸存下来。

我国最早发现的水杉只生长在湖北、重庆、湖南三省（直辖市）交界地区。1946 年后，由于播种和插条繁殖取得成功，人工栽培的水杉迅速崛起，无论数量或分布地区均远远超过野生种群。如今，我国许多地区都有水杉分布，还推广到世界上 70 多个国家和地区。尽管其价值完全无法野生水杉相提并论，但毕竟有胜于无。因此，水杉这个物种没有灭绝的问题。

「水杉化石」

## 3. 物种发现

水杉的发现，是一个相当传奇的过程。

在 20 世纪 40 年代以前，人们只见过水杉的化石，但从未见到活体，而且没有人相信它们还活在世间。

1941 年，我国植物学家干铎从恩施前往重庆，途经恩施与万县交界的磨刀溪时，发现了一株高达 30 多米的大树，当地人称它为“水松”，视为神树，并建了一个小庙祭祀。不过，看到它的独特的羽状树叶后，干铎认定它不是松树，不过，但也不知道它到底是什么树？因时值冬季，无法找到果实，他只能带走一些枝叶，并向同事们提及了此事。

1943 年夏天，原中央林业实验所的王战先生找到“水松”，并采到了完整的枝叶和球果。此后，经过一年多的样品采集和研究，郑万钧与胡先骕认定它介于杉科和柏科之间，是国际植物学界苦苦寻找的水杉。这一消息当即在国际引起轰动。

「水杉林」

此后，植物学家又在湖北利川县水杉坝发现了共有 5000 多株成年大树的水杉林，还在沟谷与农田里找到了数量较多的树干和伐兜。又相继在重庆石柱县冷水与湖南龙山县路塔、塔泥湖等发现了 200~300 年以上的大树。

至此，水杉的存在已经成为确定无疑的事实。

**4.物种保护**

对于野生水杉的保护，主要是针对野树建立保护区，并加强人工繁殖等等。

拥有野生水杉最多的湖北市利川县，专门设立了水杉种子站，建立了种子园，加强了母树的管理，对 5000 多株林木进行逐株建档，采取了砌石岸、补树开排水沟、防治病虫害等保护措施，并加速育苗造林。湖南龙山、重庆石柱也对水杉大树采取了挂牌保护。针对野生水杉天然更新能力差的弱点，特别加强对幼苗的保护，从而避免它们被其他的优势树种所淘汰。

**5.物种典型：谋道水杉王**

这就是在 70 多年前干铎教授最早发现的那棵水杉树，生长于湖北与重庆交界处的磨刀溪，树高 35 米，胸径 2.4 米，冠幅 22 米，龙骨虬枝，高大挺拔，直插云天。它的树龄约 600 年，在野生水杉界并不算特别突出，但因为是全世界发现最早的水杉树，因此被誉为“天下第一杉”。

水杉古树虽老，但风韵犹存。主干挺拔，枝条舒展，叶子随季节变化而呈现不同颜色，春天浅青，夏天深绿，秋季金黄，冬天棕红。当地百姓对它十分崇敬，认为它是“登天的梯子”，为它建了小神庙祭祀。水杉发现后，又不断吸引着世界各国的植物学家前来考察、引种，如今，随着旅游热的兴起，它也成为著名的旅游胜地。有关部门为此建立了星斗山国家级别自然保护区，派专人管理。

「谋道水杉王」

如今，这株 600 多岁的水杉树，仍屹立于崇山峻岭之上，饱览山口晨昏变化，历尽民间沧海桑田，成为我国悠久历史和勃勃生机的美好象征。

## ◉ 华夏杉树——银杉

银杉是与银杏、水杉齐名的孑遗植物，由于野生数量极少，人工繁殖不易，直到今天，绝大多数的中国人都无法一睹它的芳容，能见到它的国际友人更是少之又少。由于稀有，它被周总理喻为“植物国宝”，由于稀有，它被植物学界喻为“中国的骄傲”，它的拉丁文学名叫“Cathaya-argyrophylla”，直译过来就是“华夏杉树”。

尽管我们对银杉的认识还很缺乏，尽管银杉至今依然没有摆脱濒危状态，但我们相信，随着时间的推移，这一切终将改变，银杉还将在地球上生存下去。

**1.物种简介**

银杉虽名为杉，但却与松树关系更近，为裸子动物门松杉纲松科银杉属的唯一植物。因数量极少，被列为国家一级保护植物。

「银　杉」

银杉身材高大（一般树高10~20米），体格粗壮（胸径一般在 40 厘米左右）。树皮暗灰色，不规则薄片脱落。枝条平展。它们的叶子分为两种，在大枝的叶子较大，长4~5厘米，放射状散生；在小枝上的叶子较小，长约 2 厘米，轮生。这两种叶子均为条形，背面有两条白色的气孔带，在阳光下照耀下闪烁着银光，银杉也因此得名。

银杉在春天开出球花，但要到第二年秋天才能结出球果。这些球果卵圆形，长在叶腋上，长 3~5 厘米，内含13~16个种鳞，每个种鳞又含有2个种子。球果成熟时，种鳞会张开，里面的随风飘落，待找到合适的地方后会生根发芽，延续着种族的生存。

银杉的生命力极其顽强，即使是千年大树仍能开球花结球果，但繁殖力却很有问题。如它们的雄球花无色无味，很难吸引昆虫或鸟类，只能依靠风传播花粉；雌球花受孕后需要两年才能结出球果，其间不少种子因经受不了风吹雨打或严寒酷暑而夭折；种子成熟后还会被虫叮鼠咬鸟食，往往所剩无几。而即使通过了重重考验，种子落地生根，还要面临众多优势树种的残酷竞争。它们发育迟缓，要到10岁左右才能进入旺盛的生长期，但自然界往往不会给它们长达10年的安居条件。因此，银杉对环境要求十分苛刻，不仅野生不易，人工繁殖也要面临重重难题。

更困难的是，同为孑遗植物的银杏和水杉通过人工繁育而重新繁盛，可银杉的人工繁殖异常困难，至今仍无法实现规模化生产，因此，银杉的种群始终处于濒危状态。

**2.物种分布**

与众多孑遗植物一样，银杉也有过一段辉煌的历史。在第三纪以前，它们曾广泛分布于北半球的欧亚大陆，古生物学家在法国、俄罗斯、德国、波兰等地都发现过银杉化石。后来由于受到第四纪冰川运动的影响，银杉同许多动植物一样遭到了空前的浩劫，在全世界基本绝迹。

迄今已知的野生银杉全部在中国，主要分布在广西、湖南、四川、贵州4省（自治区）的10个县的30多个分布点上。

这些省大多数在长江流域。多为中亚热带的局部山区，气候夏凉冬冷、雨量多、湿度大，多云雾，土壤为石灰岩、页岩、砂岩发育而成的黄壤或黄棕壤。同时，人们也发现，银杉在这些地区一般都居于瘠薄之地，这与其说是它固守清贫，不如说是竞争失败后的无奈选择，因为条件稍好之地，都被处于优势地位的常绿林或灌木所占据了。

**3.物种发现**

20世纪50年代以前，人们普遍认为银杉已经在地球上灭绝。

1955年春天，植物学家钟济新带领一支考察队在广西东北的越城岭进行科学考察。当地山民告诉他们，山上有一棵像柏又像杉的怪树。他们经过一个月的艰苦跋涉，终于在海拔1400米的山崖间找到了这棵胸径70厘米、枝繁叶茂的怪树。因为该树最明显特征为树叶背后有两条白色气孔带，在阳光下闪闪发光，钟济新将它命名为“银杉”，并将发现的那棵树取名为“杉霸公”。此后的一年，钟济新采集了这一树种的雄、雌球花和带有种子的球果标本，经陈焕镛和匡可任两位教授鉴定，它们与人们在欧洲发现并认定早已灭绝的某些生物化石同属一类。

中国发现银杉的消息一经公开，当即在世界引起轰动。

**4.保护现状**

据《中国大百科全书·植物卷》记录，银杉的分布区虽不算少，但许多地区植株不多，更新不良，而且大多被后来的生活较快、耐阴性强的物种所击败，不得不在940~1890米的山脊或帽状石山顶部、悬崖、裂缝中

「银杉果」

生存至今。生长于地面条件较好的银杉多为单株或极少株，其周边多无幼苗，野生银杉正面临着被其他优势特种取代的危险。

这一说法也被实践所证实。如最早被人们发现的杉霸公，在其周围上百平方千米的范围内再没有发现银杉的足迹。在发现它 50 年来，只有一次成功的自然繁殖。在 2012 年央视拍摄纪录片时，它只有四岁，面临着诸多生存的挑战。它究竟能否长大成材还是未知数。

经过几十年的野外考察，我国植物工作者先后在四川南川县金佛山和湖南资兴、新宁、桂东、城步以及贵州的道真、桐梓等四个集中连片区地发现了银杉，数量在 4000 多株。对这些银杉，中国政府和有关单位采取了一些保护措施。如建立自然保护区，开展人工繁殖试验和引种，在银杉生长区适当择伐竞争树种等等。但人工繁殖困难重重，物种保护仍以自然保护区为主。全国最重要的银杉自然保护区有四川金佛山和广西越城岭等，其中金佛山属长江流域，越城岭在长江与珠江流域的交界处。

**5. 金佛山自然保护区**

金佛山自然保护区位于重庆南川区，成立于 1979 年，既是国家重点风景名胜区、国家森林公园、全国科学教育基地；又是国家级自然保护区。保护区内森林密布，且垂直分布明显，原始森林保存面积较大。区内植物区系以阔叶林为主，生物多样性富集，古老孑遗植物和特有植物种类多，为中国植物资源最丰富的自然保护区之一。

「金佛山自然保护区」

据1976—1982年调查，区内共发现银杉群落4区、23点，共有银杉1978株，其中1米以上的成树529株，1米以下幼株244株，幼苗1205株，数量之多为全国之最。其中最高的一株高16米，胸径53厘米。金佛山之所以拥有如此之多的银杉，与其特殊的地理环境密切相关。这里位于云贵高原与四川盆地过渡地带，北有秦岭，南有大巴山，区内山峦众多，阻挡了周边的大气运行。在距今250万年前的第三纪，大陆冰川覆盖亚欧大陆，大量森林灭绝的时候。山峦的屏障不仅阻挡了寒流侵袭，同时将大片冰川分割切碎，大大削减了冰川的发展势头，使这里的银杉、珙桐等避免了灭顶之灾。而众多孑遗植物的残存，增加了金佛山的生物多样性，使之成为重要的森林公园和自然保护区，这也算是它们对金佛山最好的报答。

2008—2009年，有关方面对金佛山的银杉生存状况进行了又一次普查，并编写出调查报告，如今，金佛山对已发现的银杉，则逐一编号挂牌管理。

### 6.人工繁殖

1976年，中国科学院北京植物园把五株小银杉树从海拔1400米的老家带土移栽到木箱内，先运到海拔700米的花坪自然保护管理处，在林荫下生活一年；到1977年秋天，再把它运到北京，住进温室。此后又完全按照它们喜雨雾、少日照的习性照料。3年以后，成活的五株银杉终于吐芽舒叶，长得翠绿可爱。1978年，美国植物学代表团到北京植物园参观，看到了这五株银杉，异口同声惊呼：在北京看到银杉，是他们这次访问的最大收获。

不过，由于银杉物种本身的缺陷，要让它走出保护还有很长的距离，但人们期待着这一天早日到来。

## ◉ 树中仙翁——银杏

深秋，漫山遍野的银杏叶子黄了，为整个山谷镶上了一条金色的花边，这也是整个山村最美的季节。但过不了多久，随着乍起的秋风，这些黄叶又会飘落在地。直到来年树上发出新的叶芽。

银杏这个古老的孑遗物种，仿佛阅尽沧桑的历史老人，闲看亭前花开花落，淡望天边云卷云舒，让人惊叹，让人景仰。

### 1.物种简介

银杏虽名为杏，但与蔷薇科的杏树没有任何关系，是裸子植物门银杏纲银杏目银杏属银杏种的唯一树木，也是国家一级保护植物。

「银　杏」

银杏为落叶大乔木，一般高可达20多米，最大胸围可达4米，幼时树皮浅灰色，较平滑，成年之后皮色变深，皮质变糙，并出现不规则纵裂。青壮年时树冠圆锥形，到老后成卵形，这与人老了之后皮肤起皱、身材发福颇为相似。主枝轮生，斜上伸展；叶互生，在长枝上散生，在短枝上簇生。有细长的叶柄，扇形，两面淡绿色，无毛，一般在叶的中间会有裂隙，看上去就像步履蹒跚的鸭掌，因此又称鸭掌木。

银杏4月开花，为雌雄异株，单性，10月成熟，种子具长梗，下垂，常为椭圆形、长倒卵形、卵圆形或近圆球形，长约3厘米，直径为2厘米，因外壳（假种皮）为白色骨质而得名白果。它还有个名字叫“公孙树”，其得名原因较多，一说是生长极其缓慢，寿命极长，像中华始祖黄帝，即公孙氏。一说是它20岁才能结果，40岁后才进入盛果期，往往是公公种树孙子吃果。还有一种说法是它易生萌蘖，如没有人为干扰，母树隔一段时间便会在旁边长出一枝，时间长了，往往形成母树居中，子树居外，子树外面还有子树的几代同堂情况，犹如公公与子孙们聚于一处，因此得名公孙树，等等。

银杏喜光而不耐阴，对水、空气、土壤适应性强，能够忍耐最高40℃，最低-40℃的气温，以及4.5~8.3的酸碱度，耐旱，稍耐渍水，而且因其叶有蜡质，口感较差，且具有一定的毒性，不易招致虫害，加上寿命较长；因此，野生银杏数量虽少，但生命力却极顽强，始终能维持一定数量，也非常适合人工栽培。

## 2.物种价值

在20世纪，古生物学家在确定银杏物种时，对它到底应划归苏铁纲和松杉纲哪个更接近，一时间意见纷纭。从其结构、多分枝、单叶、木质层发达而髓层较小来看，更接近松杉科植物，但从其生殖行为上看，又与苏铁相似，因此，经过综合考虑，决定将其单独建一个纲。

银杏最大的价值是它的孑遗性。

古生物学家在世界范围内进行了长期考察，发现了银杏纲共有1目6科20属，最早出现于晚石炭纪（距今2.8亿~3.6亿年前），在距今1.4亿年前的白垩纪达到极盛，当时，银杏科内有15~20个属，其中我国有10个属。当时的银杏不仅广布于北半球的温带地区，在南半球也有分布。但与许多孑遗植物一样，它们没有熬过第四纪冰期的袭击，绝大多数品种绝灭，仅有银杏幸存下来，成为本纲唯有的一目一科一属一种。打个形象的比方，如果把银杏树比作一个人的话，那么，不仅他们的兄弟姐妹、祖父母、外祖父母，甚至4代以内的直系或旁亲血亲均已灭绝，仅留下它一棵独苗，这种极端情况在植物界极其罕见。仅凭这一点，我们就应该对它肃然起敬。

不过，由于银杏对气候、水土及病虫害适应性较强，十分适宜人工栽培，因此，它虽然只有一个种留存至今，但经过多年的自然与人工选择，它的种下品种十分丰富，如从株型上看，就有开阔型、尖翅型和丰富型之分。此外，就叶区分，有一种籽叶银杏，胚珠生于叶的长开裂处，胚胎发育时，裂缝的一边停止生长，另一边正常生长，从而非常奇特；还有斑叶银杏，其叶色黄绿相间，如同花蝴蝶般好看。此外，还有叶片卷起像漏斗的管叶银杏等等。

银杏之美，全在枝叶，细看，每片叶子中间开岔，形如同鸭掌，挂在树上又像翩翩起舞的蝴蝶。春夏之季一片绿荫，到了深秋季节时渐渐发黄，异常夺目，并且很快掉落，那种“碧云天，黄叶地”的景象，不仅美

「银杏叶」

得让人绝望，更让人伤感。因此，它自古以来就是著名的观赏树种。

除具有科研与观赏价值外，还有很强的实用价值。如银杏的果实——白果，富含淀粉、蛋白质和维生素，是很高级的食品；白果中的白果酸、白果酚，有抑菌作用，可治疗呼吸性疾病及心血管疾病。其叶片中的有机物对治疗心脑血管疾病有一定功效。其花粉也有一定的保健价值。不过，它可入药是因为有毒，一般人不能多用多食。

银杏木质致密，纹理细美，不翘不裂，是极好的建筑用材。由于其具共鸣性，还是制作乐器和文体用品的理想用材。

**3.人文色彩**

人们喜爱银杏，大思想家、教育家孔子尤其如此，人们出于对孔子的景仰，为银杏增添了许多人文色彩。

如银杏树干挺拔，不枝不蔓，被赋予了君子正直的性格；籽粒饱满，数量众多，比喻为桃李满天下；其果仁可食、可作医药，比喻为君子之学要有利国家和苍生万物；孔子在银杏树下教学，因此，人们也称学校或医院为杏林。

**4.物种分布**

如今原生的银杏极其稀少，仅在浙江天目山、湖北大洪山、神农架等少数地区。不过经过人工栽培的银杏却是“人丁兴旺”，早在三国时期就有人种植，如今早已遍布除海南省之外的 30 个省（自治区、直辖市），还将其推广到世界各地。

据史料记载，早在唐代，银杏就从中国传到了日本。到 18 世纪，又传播到欧美诸多国家，此后，又推广到澳洲等其他地区。如今，至今有30个国家出现了银杏的身影，它们都是中国银杏的后代。尽管栽培品种的价值远不如原生品种，但能够让“五代单传”的银杏脱离险境，并造福于人民（哪怕仅仅只是眼福），已经功莫大焉了。

**5. 长江流域的银杏**

长江流域是中国，也是全世界银杏最主要的产区，其中比较著名的有位于浙江天目山、上海嘉定光明村、贵州盘县妥乐村，以及江西庐山的三宝树等等。

位于湖北随州市洛阳镇五条古银杏群落带，拥有500年以上银杏2万多株，千年以上的308株，尤其是胡家河和永兴村一带，更是树木参天，数不胜数。其中有棵年龄在2600岁的至尊银杏树，据说是朱元璋当皇帝时封的，至今枝叶茂盛。周氏礼堂旁更有五株2000年以上的古枝，盘根错节，相互扶依，阴盖数亩，被当地人形象地称为“五老树”。随州是世界六大古银杏群落之一，也是全国乃至全世界分布最密集、保留最完好的一处古银杏树群落。

「随州银杏谷」

浙江长兴小浦镇八都岕的十里古银杏长廊，目前有百年以上古银杏2700余株，300年以上的376株，500年以上的11株，1000年以上的5株。每到秋天，这12.5千米长的银杏林一片金黄，构成了一道幽静的风景线。

位于安陆市西部的王义贞镇钱冲古银杏群落，占地60平方千米，有千年以上古银杏48株，500年以上的1486株，100年以上的4368株，同时还拥有天然园林群5处，连片25株以上千年古银杏景点36处。不但数量之多、年代之古老为全国罕见，且树形各异，有夫妻树、情侣树、子孙树、母子树等，极具观赏价值。

此外，在江西的庐山，有一个叫三宝树的景区，里面种植着一棵银杏和两棵柳杉。银杏树据称已经1600余年，是东晋僧人在建黄龙庙时亲手种植的，如今树高30余米，需要五人才能环抱。

## ◉ 玉树临风——红豆杉

千年的红豆杉树，早已带入了汤山头人民的日常生活中，对于这些古树，他们倍加珍惜。现在，他们还在村中的空地上种植红豆杉。随着红豆杉的神奇之处慢慢被世人所了解，越来越多的游客慕名来到这里，养生休闲，村里也在红豆杉树下建起了农家乐，这些庇护了村民千百年的古树，又为小山村的发展带来了生机和活力。

——央视《中国古树·浙江遂昌红豆杉》解说词

### 1.物种简介

浙江遂昌虽不在长江流域，但红豆杉的主产地却在长江流域，它也是流域内的优势树种。

「红豆杉」

红豆杉又名紫杉，也叫赤柏松，它与红豆树虽只一字之差，却分属完全不同的家族。红豆树属被子植物中的豆科，而红豆杉则属裸子植物松柏纲的红豆杉科。只是由于其果实相似而得名。

红豆杉身材高大，往往可以长到20~30米，胸径可2米以上。但其根却比较浅小，而且主根不明显，侧根发达。它们树干修长，树皮为褐色，条状脱落；大枝伸展，一年生小枝为绿色或淡黄绿色，秋季变成绿黄色或淡红褐色，二三年生枝黄褐色、淡红褐色或灰褐色；冬芽黄褐色、淡褐色或红褐色，有光泽；冬芽鳞片背部圆或有钝棱脊；叶条形，长1.5~3厘米。花腋生，雌雄异株，种子扁圆形。可用来榨油，也可入药。

野生红豆杉喜荫、耐旱、抗寒，但在野生状态下很难形成纯林，多见于以红松为主的针阔混交林内的山顶或土地瘠薄处，适于在疏松湿润排水良好的砂质壤土上种植。它们的生长极为缓慢，一般要 50 年左右方可成材，数百年甚至上千年的古树也十分常见。它们的繁殖方式包括种子繁殖和无性繁殖两种。但像红豆那样的种子外面包裹着坚硬的外皮，落地后很难生根。必须经过鸟、兽食用、排泄后才能重新发芽，因此成功率低。而无性的萌芽繁殖成活率虽高，但只能维持而不能扩大种群。这些都造成了野生红豆杉的稀缺。不过，红豆杉生命力却十分顽强，在 10~12 岁时就开始开花结果，直到千年老树仍能繁殖后代，其传粉能力也很强，即使雌株、雄株相距一两千米之远，也能借助风力完成授粉，这也是它们虽然分布较散仍能代代相传的原因。

**2. 物种价值**

红豆杉最大的价值是它的孑遗性，作为植物界的活化石，对于我们研究古地质、古生物及气候变迁，有着无可替代的作用。

其次，红豆杉四季常青，树型优美，枝叶繁茂，尤其是结果季节，满树如红豆般的果实挂满枝头，更是美丽，它也因此成为世界著名的观赏树种。

第三，红豆杉木材质地坚硬厚实、结构细密、纹理通直、耐磨耐腐，是高档的家具、装饰及美术用材。

第四，红豆杉树皮、枝叶粗糙，分泌物多，能够过滤吸收空气中的细小颗粒，降低 PM2.5 浓度，还对一氧化碳、二氧化硫、尼古丁、甲醛等有较强的吸附作用，是很好的环保绿化树种。

此外，红豆杉种皮富含 18 种氨基酸，可食用；种子含油量高，可榨油。20 世纪 70 年代，科学家从它们身上提取出紫杉醇，在 1992 年实现了大规模的临床应用，如今已成为最有效的抗癌药物之一。不过，由于紫杉醇含量极低，10 亩人工林的红豆杉只能产出 1 千克 1%纯度的紫杉醇。据专家统计，即使把世界上所有的红豆杉砍光，也只能挽救12万人的生命，其稀缺性而使其声名大噪、身价倍增，也造成了它濒临灭绝的后果。

### 3.物种分布

红豆杉是与恐龙同时代的孑遗树种。它的祖先曾经遍布于北半球大多数地区，但经过200多万年前第四纪冰川的浩劫，绝大多数已经灭绝，只有少数艰难存活下来，成为珍稀的活化石，它们也因此被联合国教科文组织列入濒危植物，被我国列为一级保护植物。

据央视纪录片《中国古树》介绍，目前全世界仅有红豆杉2500多万棵，分布在中国、印度、美国、加拿大等国，其中中国占据了其中的一半左右。主要分布在云南、广东，陕西、湖北、安徽、四川及贵州地区，以云南省数量最多。

### 4.物种现状

红豆杉长在深山野谷，又主要是观赏植物，当地除了利用其枝叶煮汤治疗胃病外，就是大量砍伐，利用其不易腐烂的特性做吊脚楼的支撑木和庭院的围栏；因此，树林虽少，但基本处于可控状态。到20世纪80年代，随着紫杉醇抗癌作用的发现，红豆杉名声大振，身份倍增。在巨额利润的驱使下，大量的野生红豆杉被人扒皮砍叶，奄奄一息。我国的红豆杉的数量急剧减少，一度走到灭绝边缘。相反，同样拥有红豆杉的美国，在鼓励商人从中国进口红豆杉的同时，却严禁本国人砍伐，以使其野生种群基本完好。

「红豆杉树木」

红豆杉在中美两国的不同处境中遇引起了国人的高度重视。国家将所有红豆杉全部列为一级保护植物，禁止采集、砍伐，严禁出口。同时一些科研单位还加大了对红豆杉人工种植、培养技术的研究力度。尽管由于它的生长十分缓慢，人工繁育技术的成熟至少需要 50 年的时间，但目前已经取得了一些突破性的成果。或许，到将来，红豆杉能够摆脱困境，我们期待着这一天。

## ◉ 秋风送美——金钱松

### 1.物种简介

金钱松，别称金松、水树，因其叶在秋后变金黄色，圆如铜钱，故而得名。为松科金钱松属植物，也是我国著名的孑遗植物，国家二级保护植物。

「金钱松」

金钱松为落叶乔木，树型高大，树干通直，有树脂，树皮粗糙且呈鳞状分裂；主枝平展，树冠为宽塔形；枝条随时间变化而由红变黄变灰。其叶为条形，扁平柔软，在长枝上成螺旋状散生，在短枝上 15~30 枚簇生，向四周辐射平展，秋后变金黄色，圆如铜钱，因此而得名。它们的球花 4 月开放，其中雄球花黄色，穗状，除生于树枝顶部，雄蕊多而花丝短。每枚蕊上有花药 2 枚，药隔为三角形。雌球花紫红色，椭圆形，单生，由螺旋排列的珠鳞与苞鳞组成，珠鳞内有 2 胚珠；10 月球果成熟。此时珠鳞发育为卵状披针形的种鳞；种子卵圆形，有翅，类似松子，能随风传播。它们的结果大小年明显，一般相隔 3~5 年，有的甚至 7 年才能丰产 1 次。除播种繁殖外，金钱松还可插条繁殖。

金钱松喜阳又喜凉爽，耐寒抗风，但不耐热，不耐潮湿，大多散生于海拔 100~1500 米地带的针叶、阔叶林中。喜温暖湿润的气候和深厚、肥沃、排水良好的酸性土或中性山地，但不适应盐碱地和渍水的低洼地。在干旱、瘠薄环境生长缓慢，常封顶，且易发生落叶病。平原绿化须选择排水良好、周围有林之处。金钱松对环境有一定要求，如耐寒不耐炎热，喜光照又不能长期直射，怕涝怕湿，喜生于温暖、多雨、土层深厚、肥沃、排水良好的酸性土山区。金钱松喜光、在幼年时还能忍受遮蔽，但成年后需光性增强。它们能耐低温，抗火灾和虫害的能力也比较强。

**2.物种价值**

首先，作为成为现今仅存于中国的单属单种特有植物，金钱松在植物学上有重要科研价值。

其次，金钱松的树干可作木材；树皮可提栲胶，也可作造纸胶料；种子可榨油。经济价值较高。

第三，其根皮入药，可治疗消化不食，抗菌消炎、止血，疥癣瘙痒、抗生育和抑制肝癌细胞活性等症。

第四，金钱松还是一种重要的观赏树种，有人将它与南洋杉、雪松、金松和北美红杉并称为世界五大公园树种，被世界各国广泛引种。

金钱松枝干挺拔直立、细小秀气，耐曲折，且抗病虫害能力强，是很好的盆景材料，以其制作的盆景在市场上十分常见。

**3.物种分布**

与诸多孑遗植物一样，金钱松曾广布于北半球，但第四纪冰川使其绝大多数金钱松灭绝。只在中国长江中下游少数地区幸存下来。

今天，人工栽培的金钱松成为主要的造林树种之一，栽种已经十分广泛。野生的金钱松主要产于江苏南部、安徽南部、浙江西部、福建北部、江西北部和湖南、湖北、重庆交界地区，它们因分布零星，个体稀少，结实有明显的间歇性，仍亟待保护。

**4.物种典型——天目山国家级自然保护区**

浙江天目山国家级自然保护区不仅是全国野生金钱松最为著名的地

方，也是我国针对金钱松最重要的自然保护区。

「天目山国家级自然保护区」

保护区位于浙江省临安市境内，面积 4300 公顷，1956 年建立，1986 年批准为国家级，主要保护对象为金钱松、银杏、连香树、鹅掌楸等珍稀濒危植物。特殊的地形和悠久的佛教文化促使该区域动植物的遗存和植被的完整保护，成为全世界的一大奇迹，是我国中亚热带林区高等植物资源最丰富的区域之一。自然保护区内国家珍稀濒危植物有 35 种，有种子植物 1718 种，蕨类植物 151 种，苔藓类植物 291 种。此外还有众多的野生动物。在海拔 300~1100 米的地方分布着金钱松种群，其中有一株高达 60 多米的金钱松（15 号），被称为“冲天树”，其高度居世界同类树之冠。另外还有一棵树也高达 50 多米，据称居全国第二位。

## 被子植物

### ◉ 东方鸽子树——珙桐

每年初夏，珙桐开花了，一对对白色花朵躲在碧玉般的绿叶中，随风摇动，远远望去，仿佛就是一群躲在枝头的白鸽，这也是珙桐树最动人的时节。

不知道有多少人为这种情景所激动！ 1869 年，一位名叫阿尔芒·戴维的 32 岁法国神父在四川省穆坪首次看到了这种奇木时，再也按捺不住心头的激动，在这里凝视良久。在他的鼓动下，一群群欧洲植物学家，不远万里来到中国，深入到四川、湖北的深山老林中徒步考察。并且在整整 35 年后，终于攻克人工繁殖问题，将它引种欧美。从此，“中国鸽子树”名闻天下，成为世界著名的观赏树种。

「珙桐树」

珙桐最珍贵的地方不在外表，而在其“活化石”般的命运。在漫长的地质年代，珙桐与恐龙一样，经历了盛极而衰，甚至几近灭绝的过程。如今，在它身上还有许多未解之谜。只有当我们了解到它的命运，我们才更能体会“宝剑锋从磨砺来，梅花香自苦寒来”的道理，珙桐经历了千万年艰难困苦，它们花才能如此美丽，如此怒放。

**1.物种简介**

珙桐叫桐，却不是桐树，而是桃金娘目蓝果树科植物，本科植物只有一属两种，两种相似，只是一种叶面有毛，另一种光叶珙桐是光面。国家一级重点保护植物。因为它白色的大苞片似鸽子的翅膀，暗红色的头状花序如鸽子的头部，绿黄色的柱头像鸽子的嘴喙，而且是我国特有，因此被称为“中国的鸽子树”，也是世界上著名的观赏树种。

珙桐是落叶乔木，树高15~20米。树皮呈不规则薄片脱落。单叶互生，在短枝上簇生，叶纸质，宽卵形或近心形，边缘粗锯齿。初夏开花，花形奇特，苞叶呈乳白色，成对地长在花序的基部，恰似白鸽的双翼。苞叶里面托着圆球形的头状花序，它是由许多雄花簇拥着一朵雌花形成的，花色紫红，酷似鸽头。花期在4—5月，果熟期在10月。

「珙　桐」

珙桐喜欢生长在海拔1500~2200米的阔叶林中，多生于空气阴湿处，喜中性或微酸性土壤，不耐瘠薄、干旱。幼苗生长缓慢，喜阴湿，成年树趋于喜光。

## 2.物种价值

除物种本身承载的“活化石”科研价值外，珙桐还具有观赏价值和实用价值。

在观赏方面，珙桐以其形似鸽子的花朵深受世人喜爱，为世界著名的珍贵观赏树，常植于池畔、溪旁及疗养所、宾馆、展览馆附近，并有和平的象征意义。

在实用价值上，珙桐材质沉重，是建筑的上等用材，可制作家具和当作雕刻材料。

## 3.物种分布

珙桐是第三纪古热带植物区系的孑遗物种，在远古时期曾经广泛地分布在地球上。只是第四纪冰川使之大多绝灭，只在我国南方少数地区幸存下来。不过始终处于当地人熟视无睹，外地人无从知晓的状态。直到法国神父戴维将其公布于天下。

珙桐在我国分布很广，其中最大、最集中的区域是四川盆地，此外还分布于陕东南、鄂西，湘西北、黔东北、滇东北等地，以及南方的广东。除广东外，其余分布区均属长江流域，因此说它为长江流域的代表树种也不为过。

“珙桐之乡”的珙县王家镇分布着全国数量众多的珙桐。在四川省荥经县，也发现了多达 10 万亩的珙桐林。而湖南桑植县天平山上千亩的珙桐纯林，是我国是目前发现的珙桐最集中的地方。

## 4.物种传说

在四川彝族，珙桐有这样一个美丽的传说。相传很久以前，凉山的龙头山边住着一位名叫阿呷的姑娘，心灵手巧，长得十分俊秀。凉山脚下美姑河边则住着一位名叫觉啥的小伙子，身强体壮，善于耕田打猎。他们自幼生活在一起，白天放羊，在青青的草地上观看白云，晚上数着夜空中的星星，彼此深深地相爱了。他们的爱情被奴隶主知道了，奴隶主把阿呷打得皮开肉绽，叫她没日没夜地推磨，又把她卖给了一个六十多岁的老奴隶主。阿呷不吃不喝，把金银首饰甩在地上，花裙彩衣全撕成碎片。而觉啥得知奴隶主把阿呷卖掉的消息之后，走遍了凉山，终于打听到了阿呷的下落，凭着他的勇敢与智慧，把阿呷救了出来，趁着黑夜逃到了原始森林深处，从此过上了美满的生活。然而奴隶主还是找到了他们，把他们包围起来，尽管他们用生命进行抵抗，但却不是老奴隶主的对手，于是，阿呷和觉啥共同点燃了房屋，他们两人则牵手走入火海……。可恶的奴隶主把他们的尸体分别掷在美姑河两岸。过了许多年，在这个地方长出了一棵又高又大的树，从四周飞来了一群鸽子，于是也就有了珙桐，并在这大小凉山中繁衍至今。

还有一种说法与王昭君有关，相传昭君嫁到匈奴后，因日夜怀念故乡，就让白鸽为她传书送信。白鸽穿云破雾飞向王昭君的故乡——湖北秭归。鸽子把信送到后，因过于疲劳，力竭而死，化作洁白的花朵，就成了鸽子树。

**5.国外的传播**

作为孑遗植物，珙桐在中国西南的大山中默默生存了千百万年。

1869 年法国神父阿尔芒·戴维在四川的穆坪地带游历时，偶尔发现了这种开着如鸽子般白花植物，当即为之吸引，将它介绍到欧洲。据称，戴维始终希望将这珙桐引种到欧洲，并向法国政府及有关科研机构提供了种子，但由于无法攻克其繁殖难题而未果。直到 1904 年，也就是戴维去世四年后，英国才通过引种和采集种子繁殖的方式种下了第一批珙桐树苗，此外，珙桐传入其他欧美国家，“中国鸽子树”终于名闻天下。

「珙桐果」

由于阿尔芒·戴维在珙桐的发现

与传播过程中做出了杰出贡献，如今，珙桐的拉丁学名还冠以戴维的名称。他还是大熊猫、麋鹿以及其他诸多珍稀动植物的发现者。

如今，欧美各国都有栽种，盛花季节，一对对展翅待飞的“白鸽”不但给人以纯洁、高雅和美的享受，也给人带来宁静、和平和友谊。特别是在日内瓦，很多街道上都以珙桐为行道树，在庭院里也多植珙桐。在1954年4月，周总理在日内瓦开国际会议时，看到美丽的鸽子树。当了解到这种树是我国的原产时，当即指示我国林业部门要大力发展珙桐。我国的珙桐种植业，也是从这一年开始大面积发展的。

**6.物种现状**

人工栽培的珙桐树虽早已“走出中国，走向世界”，但在其原生地，由于森林的砍伐破坏及挖掘野生苗栽植的等，野生珙桐数量较少，分布范围也日益缩小，而且面临其他物种的严重威胁。若不采取保护措施，有被其他阔叶树种更替的危险。因此，珙桐是国家 8 种一级重点保护植物之一。

我国保护对象包括珙桐的自然保护区不少，但以珙桐为主要自然对象的却不多。2014 年 1 月，贵州省政府批复同意建立的贵州纳雍珙桐省级自然保护区，是我国第一个以光叶珙桐为主要保护对象的野生植物类型自然保护区。

## ◉ “美丽动人”——香果树

香果树虽然只是国家二级保护植物，但与已经人工繁殖成功的一级保护植物中的水杉、银杏相比，它们更具有神秘色彩，一般要接近它们也更为不易，因此，日常人们很少见到。

随着科技进步，一定能够走出生物学上的困境，让更多的人欣赏到这个被英国植物学家威尔逊誉为“中国森林中最美丽动人的树”的倩影。

**1.物种简介**

香果树又名庙瓜树、水萝卜，属茜草科香果树属的高大落叶乔木，也是我国特产单种属植物。第四纪冰川幸存的古老孑遗植物之一，国家二级

「千年香果树」

重点保护植物。

野生的香果树非常高大，可长到20~30米，胸径达1米；树皮灰褐色，鳞片状剥落；枝条挺拔，小枝粗壮。树叶对生，叶柄色，叶面椭圆形或卵状椭圆形，顶端尖而基部短宽，翠绿而有光泽。圆锥花序，顶生，白色的花萼呈陀螺状宿存于果上。黄色的大花冠十分美丽。它的果实像纺锤，有直线棱，成熟时呈红色。夏秋之交，绿叶扶花，红果满枝，交相辉映。

香果树为偏阳性树种，生长在海拔 700~1300 米的亚高山地带，幼树耐阴，10 年后渐喜光，喜湿，多生长于山谷，沟槽，溪边及村寨较湿润肥沃的土壤。

香果树的更新方式有二，一是种子更新，二是萌条更新。它们的花期为 7—9 月，花为圆锥状的聚伞花序，花冠漏斗形；果期 10—11 月，为蒴果，近纺锤形；种子小而有阔翅，可借风力传播。不过，由于它们的种子有休眠现象，幼苗竞争力弱，天然更新能力有限。

**2.物种价值**

据研究，香果树起源于距今约 1 亿年的中生代白垩纪。

香果树与银杏、水杉、银杉，是古老的子遗物种，也是“活化石”。

它在鼎盛期的分布应该相当广泛，但在第四纪冰川中，同类的植物相继灭绝，仅有它幸存下来，成为中国特有单种属树种，因此在科研上具有很大价值。

其次，香果树材质坚韧，不翘不裂，弹性好，木材纹理通直，洁白优良，色纹美丽，加工容易，是建材、家具的好材料。其枝皮可用于造纸和人造棉。

第三，其树冠优美，花大艳丽，在花朵怒放之时，好像蝴蝶在枝头飞舞，非常美丽，而且它的蒴果有香气，是一种优良的观赏植物。

此外，它的树皮和根均可入药，有止吐和胃之效。

因此，香果树是一种具有极大开发价值的野生植物。

**3.物种分布**

香果树最早发现于湖北宜昌，如今零星分布于江苏、安徽、浙江、福建、江西、湖南、湖北、四川、河南、陕西、甘肃、广西、贵州、云南等省（自治区）。从上面的分布可见，绝大多数的香果树应该生长在长江流域。

「香果树的花叶」

**4.物种保护**

香果树在我国属二种保护植物，级别为稀有，这说明它数量稀少，但还没有达到渐危或濒危程度。

至于其趋于困境的原因，杨开军、张小平在《稀有植物香果树的研究进展》一文中指出，一是内因，即自然更新能力差，如种子轻小，落地不能生根，生根后如光照不足不能发芽。另一方面是外因，即人为的砍伐，并指出："大面积的森林砍伐及人为破坏造成适宜其生长的管理范围缩小，使其自然繁殖率降低，成活树死亡率高，数量大减，生境破坏可能是本种致濒危的主要原因。"

满金山、方元平、刘胜祥、彭宗林在论文《七姊妹山国家级自然保护区香果树资源现状及保护》一文中还专门写道："到 80 年代后，随着生活水平提高和环境保护意识的逐渐增强，对香果树的破坏方式发生变化，对香果树的威胁由单纯的人为破坏变成主要来自人工林种群扩张所形成的种间竞争以及生境片段化和入侵物种的威胁，这远比对香果树个体的直接破坏更具毁灭性。”他们认为，香果树自身的生物学特性和生境破坏严重可能是导致其陷入濒危状态的重要原因。

由于野生香果树减少，且基本没有纯林，大多零星生长，已经到了接近濒危的程度。有识之士多次呼吁，对它们的种群及原产地开展保护，已经刻不容缓。专家们的主要建议有：①保护现有资源，禁止砍伐；②建立人工栽培基地；③加快人工繁殖；④就地保护；⑤迁地保护。

我国重要的香果树自然保护区，主要有湖北的七姊妹山和浙江的大盘山国家级自然保护区。

湖北的七姊妹山属长江流域的腹心部位，位于恩施州宣恩县东部，总面积 345 平方千米，2007 年被批准建立国家级自然保护区。区内有中亚热带山地的典型植被类型，是许多古老植物种属的“避难所”。据满金山等人的论文介绍，保护区内共有香果树 48 棵。

在人工繁殖方面，由于其种子繁殖十分困难，因此人工繁殖一直处于低级阶段。不过，近年来，由于各地政府与人民的努力，香果树的保护和人工繁殖已经起步，并且取得了一定成绩，香果树的种群正在增加，希望这个执着能够持续，也希望香果树能够早日走出困境，让更多的人欣赏到它的倩影。

## ◉ 极品木材——金丝楠

在北京故宫的太庙和太和殿，第一次见到了金丝楠木制品。那高达十余米，直径超过 1 米的巨大顶梁柱，那象征着帝王无上权力的龙椅，以及众多由金丝楠木制成的名贵家具，无不展示着它的稀有与高贵。

自从明成祖朱棣建都北京起，就派出无数宦官前往西南地区寻找名贵的金丝楠木，并且不远万里送到北京。这些来自南方原始森林里的参天大树，成为紫禁城的栋梁，不仅支撑了一座座豪华的宫殿，也支撑起了一个王朝的形象。

**1.物种简介**

由于历代帝王的喜爱，以及近年来炒作风气的影响，如今许多人已经把金丝楠木宣传到了不切实际的地步。如称它是国家一级保护植物，只在四川或南方极少地区出产；数量极少，几近绝灭，只能从拆房老料中去淘选出极小的部分；说它每十年其胸径才能增长一寸，需要三五百年方才长成等等，这些说法许多是站不住脚的。

「金丝楠木群」

楠树为毛茛目樟科楠属的高大乔木，在植物学上并没有过人之处。而金丝楠木甚至在生物学上都没有准确的定义（与之相近的只有桢楠和润楠两个属），不过本书还是从习惯，将材质中有金丝和类似绸缎光泽现象的楠木（包括帧楠、紫楠、闽楠、润楠等）称为金丝楠木。无论何种楠木，都不是中国的特产，在世界各地，尤其是东南亚地区都时常可见，而且许多国家出产的楠木质并不逊色于我国。不过，由于开采过度，天然优质楠木数量确实在不断减少，被列入国家二级保护植物。

金丝楠木树干通直。芽鳞被灰黄色贴伏长毛。小枝通常较细，有棱或近于圆柱形。叶革质，多为椭圆形，也有披针形或倒披针形，聚伞状圆锥花序，每伞有花3~6朵。其果实为椭圆形，花期在4—5月，果期在9—10月。

金丝楠树在自然条件下生长十分缓慢，根据记录，往往要50~60年才开始生长心材。此后的50~100年，楠木进入旺盛生长期，直径不断壮大，心材在木材中的占比不断提高，当心材占整个树干的 95%左右时达到极限。此时的开采的楠木材质也接近最佳状态。此后，楠木趋于老化，只有少数的树木可以生长到300岁以上。

**2.物种分布**

楠木广泛分布于我国南方及中南半岛（但出产精品或者说被炒家宣传

的精品金丝楠木的分布则狭小得多），主要见于四川、贵州、湖北、湖南等地，海拔1000米以上的山区。其中最著名的，在四川中部，尤其是靠近峨眉山一带。这里不仅水土条件适宜楠木生长，而且邻近佛教圣地，很受推崇佛教的帝王及贵族喜爱，并砍伐过度，最终导致这里的楠木几近绝迹。

如今尚存的比较著名的原始楠树林有：湖南东安县，当地林业部门发现一片保护完好的楠木林，共有128棵细叶桢楠，楠木树龄据传大都在500岁以上，其中一棵最大的胸径达1.2米左右，高逾30米。十分珍贵。

「贵州楠木王」

湖北省竹溪县鄂坪乡东湾村慈孝沟和新洲乡烂泥湾村楠木是我国目前现存最大的金丝楠木群落，世界罕见，此楠木群也是故宫楠木的“后裔”。

贵州思南发现树龄超1300年楠木古树，高45米，其胸围8.92米、树冠16米，可谓是“中国楠木王”。

**3.物种价值**

金丝楠木主要用作建材，具有以下特点：第一，耐腐，相传埋在地里可以千年不腐，所以皇帝的棺木及陵墓大殿多采用它建造。第二，防虫。金丝楠木有香气，可以避虫，所以皇家书箱书柜都定金丝楠木。第三，冬暖夏凉，为其他硬木所不具备。第四，不易变形，很少翘裂。第五，纹理细密瑰丽，精美异常。

「棱恩殿金丝楠木柱」

而金丝楠木最为人所称道的，是它在阳光下泛出金光与帝王专用之明黄十分相似，这也是它颇受皇家喜爱的重要原因。此外，佛家也以金光代表宗教庄严，因此，许多重要宗教建筑也会用到金丝楠木。

由金丝楠木建造的主要建筑，集中于北京，尤其是故宫及诸多陵墓。如故宫太和庙、太庙的梁柱无均为整根金丝楠木制成。明十三陵长陵的棱恩殿是现存最大的楠木殿，殿内的60根巨柱，都是用整根金丝楠木制成的，直径很粗，得要两人合抱。另，承德避暑山庄的澹泊敬诚殿也是现存首屈一指的楠木宫殿。保定易县清西陵中的道光慕陵的隆恩殿与东西配殿虽规制精小，但其木结构全部使用金丝楠木，十分罕见，是世界最大的全部使用金丝楠木的宫殿。民间也收藏有楠木的罗汉床、拔步床和雕刻的飞罩、牌匾和楹联等对联等。金丝楠木制品已经成为代表中国文化的古典收藏品。

最被皇帝们看重的金丝楠木出产地，却远在四川，这给当地的楠木和百姓们造成了无穷的灾难。千年的楠木被无端砍伐，百姓们拖着沉重的楠木在难于上青天的蜀道千里跋涉，既要付出血汗，又要遭受鞭打，还可能被虫蛇野兽袭击，因此，自古以来就有“进山一千，出山五百”和“一根楠木一条命”之说，其实要命的不是楠木，而是统治者的荒淫无度，是人性的贪婪。如果峨眉山的普贤菩萨有灵，不知对此该做何感想。

金丝楠木的珍贵，不仅在于数量极少，还在于生长极慢，据称一百年以上才能长金丝，200年才能成材；因此一旦砍伐，恢复极难，这也是历代统治者推崇的重要原因。但这也造成了使这个本来并不少见的物种近乎枯竭。

据称，由于开采太多，明代末年，峨眉山的金丝楠木就已经很少见了。到清代时，其他地区的金丝楠木也几近枯竭。

**4.保护现状**

金丝楠树并非孑遗树种，其生命力相当顽强，对环境也有很强的适应性。它今天沦落到涉危的局面，主要是乱砍滥伐所致，因此，对楠木的保护，主要是休养生息，防止因经济效益导致的极端行为。

如今国家已经制定法律，在许多金丝楠木生长区，当地林业部门已对楠木群进行挂牌保护，严禁对野生楠木的破坏性采伐行为。

不过，直到今天，封建帝王虽早已告别历史舞台，但土豪、巨富们对于奢侈生活的追求，以及文人雅士们对于高雅生活的向往均未停止，因此，来自各方对金丝楠木的需求依然很大。在巨额利益的诱惑下，盗伐金丝楠木的现象还没有得到有效控制。

有些地方还专门成立了专业合作社，对楠木进行育苗和培植。由于楠木并非特殊物种，人工栽培难度不大，在很多地方都出现了金丝楠木自然林和风景保护林，在庙宇、村舍、公园、庭院等处尚有少量的大树，不过，这些人工品种价值无法与野生相比，不少树种的木材质量也差之甚远，难堪重用，许多已经沦为观赏树种。

相比之下，保住原始的野生林木，让它们休养生息，恢复种群，这才是我们应做的正事。而且，就楠木的生长特性，只要我们不去干预，要做到这一点并没有多大的难度。

我们期望这一天早日来临。

## ◉ “艳而不妖”——云南山茶

“艳说茶花是省花，今来始见满城霞。人人都道牡丹好，我道牡丹不如茶。”这是1963年春季郭沫若为云南山茶留下的诗句。

在北方千里冰封、万里雪飘的隆冬季节，美丽的山茶花在云南的疏林边、古寺里、山石旁、亭台畔悄然开放，为昆明、楚雄、大理，为云南这个祖国的大花园添色不少。它也因花瓣硕大、花形繁复、花色艳丽而被喻为云南八大名花之首。

「云南山茶」

### 1.物种简介

云南山茶花又称大茶花、滇茶花、南山茶，为山茶科山茶属的常绿大花乔木，也是著名的观赏树种，也是昆明的市花。

云南山茶是云南的特产，源于滇西南的腾冲，早在唐宋时期便广泛栽培。与一般的茶树相比，它的树形、叶片和花都较大，花期也长一些。一般高度有八、九米，枝条黄褐色，小枝绿色。叶片革质，互生，多为椭圆形或卵形。花两性，常单枝或两三朵生于枝顶或叶腋间。花期因品种不同而有所不同，最早可在十月，最晚可达四月。花朵大而鲜艳。其果为圆形蒴果，果壳木质化，成熟时自然开裂。种子从中散出，多为圆形，如相互挤压，会成为不规则的多边形。种皮坚硬，种子的子叶肥厚，富含油脂。

**2.物种价值**

山茶是著名的观赏树种，名列云南八大名花之首。

对于山茶之美，明人邓美曾以“十德”誉之，即“色之艳而不妖，一也；树之寿有经二三百年者，犹如新植，二也；枝干高耸有四五丈者，大可合抱，三也；肤文苍润，黯若古云，四也；枝条勘斜，状似尘尾，龙形可爱，五也；蟠根兽攫，可屏可枕，六也；丰叶如幄，森沉蒙茂，七也；性耐寒雪，四时常青，有松柏操，八也；次地开放，近二月始谢，每朵自开至落，可历旬余，九也；折入瓶中，水养十余日不变，半吐者亦能开，十也。”

山茶花除了具有观赏性外，还有饮用、药用、油用等重要经济价值。

山茶花还有药用作用，它也因此走出国门，不过，到了国外，人们仍更关注它艳丽的外表，并培育出了众多的新品种。

**3.物种分布**

园艺界所指的茶花包含范围很广，广泛分布于欧洲大陆各地区。滇中高原由于气候温和、水热条件优越，在地形起伏和缓，高原、山地、丘陵与河谷盆地交错分布的滇西山区，到处都可以看到茶花的倩影。

**4.物种历史**

山茶花在云南有悠久的栽培历史。成书于公元898年的《南诏图传》

在卷首就绘有两株云南茶花古树，此外还有些古籍史料中记载了耐冬、曼陀罗树、玉茗、海红花、海石榴、川茶花、呼洋茶等，经考证也都是茶花。

历代诗人对云南的山茶花情有独钟。苏东坡、陆游有诗吟唱。李时珍、徐霞客、王象晋在各自的代表著作中也都有关于茶花的详细记述。

云南至今仍有很多古老茶花。如昆明黑龙潭有一棵600多年的“早桃红”；金殿有一株500多年的“照殿红”。在晋宁的盘龙寺内有元代“松子鳞”，在长江流域的楚雄等地，百年以上的大茶树更是随处可见。

「玉峰寺的“万朵茶花”」

在丽江县玉峰寺拥有一棵号称世界之最的山茶树。这棵山茶植于明朝永乐年间，至今已有 600 多年历史。由群花盛开宛如雄狮的“狮子头”和开花最早的“早桃红”两株山茶组成，因为靠得很近，长大后树干便紧紧相抱，行人如不注意，往往以为只是一棵。据称，该树每年立春初绽，直至立夏方谢，历时 100 多天，先后开花20 余批，每批开花千余朵，总计能开两三万朵花，开起花来数也数不清，五颜六色，人称“万朵茶花”。此花盛开时值阳春三月，届时玉峰寺游人如潮，络绎不绝。此树由寺内喇嘛代代相传精心培育，多年来，他们在入冬后施肥，还用菜油擦树干和浇灌根部，增加养分，因而树干光滑，树老不衰，枝繁叶茂，应时开花。

### 5.物种现状

目前茶花经过长期人工培育和自然条件影响变异很大，已有百余品种，其花型变得很复杂，常有单瓣、重瓣、文瓣、武瓣之分。也有人根据花的姿态和颜色将其分为两大类，一是以茶花的姿态来分诸如形似彩蝶展翅的叫“蝶翅”，状若菊花的叫“菊瓣”，杯状的称“白玉杯”，鳞形的称“松子鳞”，等等。二是以茶花的颜色，借物相呼的，诸如白的叫“四面镜”，红的叫“大红”，粉红的叫“胭脂点玉”以及“玛瑙”、“琥珀”、“猩唇”等。

现代世界上栽培供观赏用的茶花有：山茶花、云南茶花、南山茶、茶梅、冬红山茶、玫瑰连蕊茶。

**6.茶马古道**

山茶花经人工栽培后，基本沿着两条道路向前发展，一种观赏型，主要观赏其花朵，一种是饮用型，主要用其叶泡茶。不过，观赏型的山茶花叶子可以泡茶，饮用型的山茶花同样也可以赏花，只是各有侧重而已。

山茶的兴盛，还引起了当地与西藏地区的茶马互市，久而久之便在滇藏之间形成了漫长艰险的茶马古道。尽管茶马古道的茶主要指的是饮用茶，而且很可能是普洱茶，但山茶与之同属同种，既可观赏，也有一定的饮用价值，那么，它在茶马古道的贸易中也会起一定的作用。限于篇幅，我在这里仅仅提出，不再展开。

## ◉ 青海人参果——鹅绒委陵菜

当春意降临在雪域高原，青海河谷地带宽阔的草原像刚刚睡醒的婴儿睁开了双眼，河开了，地活了，蛰伏了一个漫长冬季的蕨麻也伸展了腰肢。每到此时，人们便扛起各式工具，在蕨麻地里挖出一串串如微型红薯般的块根，并为这些可爱的块根起了个动听的名字——人参果。

这里的人参果，与《西游记》里孙悟空偷吃的人参果，名字相同，可实物大不相同，青海的人参果虽其貌不扬，但却极有内涵，不仅可做美食，同时还具有延年益寿之功效，深得各族人民之喜爱，下面让我们进入青海人参果，也就是蕨麻这个神奇的物种。

**1.物种简介**

蕨麻的学名为鹅绒委陵菜，因羽毛北面密生白细绵毛，宛若鹅绒得名，为蔷薇科委陵菜属植物。

蔷薇科的植物，或花形美观，如玫瑰、茉莉；或果实鲜美，如桃、

「鹅绒委陵菜」

李、梨、苹果，或兼而有之。可我们的鹅绒委陵菜却其貌不扬，花小而普通，果实瘦而乏用；甚至整个植株也只能趴在地面如粗网状生长，连腰都挺不起来。可它埋在地下的根却是宝贝，在中部或末端膨大呈纺锤型或球形，不仅富有营养，还有很好的药用价值，确实让人感觉不可貌相。

**2.物种价值**

鹅绒委陵菜的价值，主要是食用和药用。

蕨麻的根呈根茎块形，味甘美，含糖量为63%，含蛋白质15%，脂肪1.1%，还含丰富的维生素和钙、磷、铁等无机盐，是很好的甜食，可用来做糖和制酒。当地人用熟烂的蕨麻拌上酥油炒面，既香又甜；用晒干的蕨麻熬稀饭，不但增加黏度，而且味道香甜。如果用鲜蕨麻做菜肴，更是色香味俱佳。

在药用方面，鹅绒委陵菜含有维生素及镁、锌、钾、钙元素，性味甘、温，有健脾益胃，收敛止血，生津止渴，补血益气之功效，是益寿延年有助健康的佳果。

此外，蕨麻对保护高原生态还具有独特价值。作为多年生草本匍匐茎植物，蕨麻的生长方式非常有利于生态保护。蕨麻的匍匐茎在地下生长，每往前长出一截，就可以再次在根茎上长出蕨麻叶子。就这样，一棵蕨麻就可以长成一块草地，覆盖3~5平方米的土地。而蕨麻对生长环境的要求不高。无论是平川、山地，或者是丘陵都可生长，这对绿化环境、保持草场水土的贡献着实不小。也正是为此，青海省已将野生蕨麻列入了禁止采挖的野生植物名单。

**3.物种分布**

鹅绒委陵菜在全世界分布极广，在整个北半球的地区，如亚洲、欧洲和北美洲以及南半球的新西兰、智利均普遍存在。在中国，也广布于整个北方及西部青藏高原地区。不过，据说许多地方的鹅绒委陵菜的根部不能膨大，也缺乏营养成分。只有在青藏高原及其周边的几个省区（青海、甘肃、四川、西藏和新疆）的部分地区，它的根下部才能膨大，从而成为蕨麻。它们喜欢生长在海拔1700~4300米的草甸、河漫滩附近，在湿润寒冷地区更能茁壮成长。

「鹅绒委陵菜近照」

青海人参果的丰产区有果洛、玉树、黄南及海南四州，其中玉树州属长江流域，这里的蕨麻不仅数量最多，而且个个体圆肉肥，颗粒饱满，色泽红亮，品质较好，为青藏十八宝之一，深受各族人民及国际各界人士的喜爱，也是馈赠亲友之佳品。

**4.发展现状**

在很长一段时间，青海省的蕨麻生产始终处在自产自销的传统农业阶段，2009 年，青海省第一个蕨麻的《国家商品标准》编制完成，将原本没有统一标准的蕨麻按照大小、色泽、品质等分为特等、一等、二等、三等共四个等级。同时以青海民族大学李军乔博士为首的蕨麻研究小组已经在青海省黄南、海北、海东等地开辟了蕨麻种植试验田，并获成功。2010 年 4 月，玉树发生地震后，有关部门在灾后重建中，第一次以农作物的方式鼓励当地人大面积试种蕨麻，并获成功。这说明青海的大部分地区适合蕨麻生长，青海蕨麻的品牌化发展前景可期。

与此同时，青海省还加长产业链，对原本一片空白的蕨麻进行深加工的科研攻关。可以想象，随着这些技术的成功，这种营养丰富的植物将被广泛人工种植，进入寻常百姓家，产生更多、更好的效益。而且原生的蕨麻也将可能因此休养生息，为保护好三江源的生态环境做出更大的贡献。

## ◉ 万山红遍——杜鹃

“三月残花落更开，小檐日日燕飞来。子规夜半犹啼血，不信东风唤不回。”诗中啼血的子规，是杜鹃鸟；而它的血滴在当时盛开的花上，那花便叫作杜鹃花。1000 年来，宋代诗人王令《送春》诗中啼血的杜鹃，不知感动中国的多少仁人志士，为着自己的理想，生命不息，奋斗不止。

80 多年前，在中国赣南的井冈山上的杜鹃花海中，走出的中国工农红军，正如子规一样，以自己的血唤醒了民众，并带领着国人走上了民族复兴的道路。

### 1.物种简介

杜鹃，又名映山红、山石榴，传说杜鹃是蜀帝杜宇氏为劝人农耕，日夜哀鸣而咯血，染红遍山的花朵，因而得名。

「杜　鹃」

杜鹃在植物中是一个大属，全世界杜鹃花的种类极多，大约有 900 种，其中亚洲有 850 种，我国有 530 种。在不同的环境，其形态特征十分悬殊，有常大乔木、小乔木，灌木；有常绿的，有落叶的；有高达 20 多米的，也有匍匐在地站不起来的。但基本形态是：主干直立，单生或丛生；枝条互生或假轮生。其生长的海拔，在青藏高原可以达到 4000 米，但一般生于海拔 500~2000 米的山地。因为它喜欢酸性土壤，在碱性土壤长势不好，甚至不生长，因此土壤学家常常把杜鹃作为酸性土壤的指示作物。

### 2.物种功用

单个杜鹃并不起眼，但每到开花季节，漫山遍野的杜鹃花次第开放，会将整个山谷，甚至连天地都渲染得一片火红，它也因此成为著名的观赏植物。

杜鹃可供药用：有行气活血、补虚，治疗内伤咳嗽、肾虚耳聋、月经不调、风湿等疾病。

**3.物种分布**

杜鹃属植物在中国主要分布于长江流域及其以南地区。其中又以云南最多，西藏次之，四川第三；江西、安徽和贵州将其定为省花，长沙、青岛、珠海、无锡、九江、大理、韶关、丹东等城市将其定为市花。

除我国外，杜鹃还广泛分布于北半球的亚欧大陆和北美洲。

**4.著名品种**

我国最大的杜鹃产地在云南省，尤其是滇西山区。这里的马缨花杜鹃、火红杜鹃殷红似火，金黄杜鹃、纯黄杜鹃金光灿灿，紫兰杜鹃、茶花杜鹃晶莹剔透，大喇叭杜鹃、小白花杜鹃色素如雪。

峨眉山主要是芒刺杜鹃、皱叶杜鹃和美丽杜鹃。

神农架主要是香雅杜鹃、喇叭杜鹃和红晕杜鹃。

贵州省毕节境内的“百里杜鹃风景名胜区”，总面积大约125.8平方千米，里面共有杜鹃花23种，主要有大白杜鹃、繁花杜鹃、团花杜鹃、银叶杜鹃等，具有密集、高大、耐寒、花期长等特点，被誉为“高原上的天然大花园”。

「团花杜鹃」

著名景区黄山也是盛产

杜鹃的地方，在西海的云外峰、天海的杜鹃谷、北海的散花坞都有庞大的杜鹃群落。其中最著名的黄山杜鹃，又称安徽杜鹃，花蕾繁多，有时一个枝头能够开上十多个花苞，成片分布，宛如花海。

而最有名的杜鹃产地，莫过于革命圣地井冈山，据调查，井冈杜鹃有开白花的江西杜鹃，开红花的映山红，开粉红色的鹿角杜鹃、云锦杜鹃，开粉红至白花的猴头杜鹃，开淡红紫色花的红毛杜鹃，以及井冈山所特有的珍稀树种——开淡紫红色花、具有香味的井冈杜鹃等，其中很多品种是井冈山所独有的，尤其是猴头杜鹃，一向被人赞誉为“杜鹃西施”。

猴头杜鹃一般高为 7~8 米，最高可达 10 多米。树径 40~50 厘米。猴头杜鹃的树干如蟠龙出海，造型奇特俊美。井冈山最大的一棵猴头杜鹃树围竟达两米有余，它生长着 44 个干枝，花苞顶部为粉红色。开花时，八九朵花簇聚一束，开得密密匝匝，俊俏秀美，实为罕见。观之令人心旷神怡，是为杜鹃中之珍品。

井冈杜鹃的花期从 4 月中旬至 6 月中旬，花期持续约两个月。杜鹃花开时，绿色的山林中一簇簇或红色、或粉色、或白色随风摇摆，翠者欲滴，红者欲燃，白者如玉，粉者如霞。

「井冈山杜鹃山谷」

在井冈山的笔架山中，有一条十里杜鹃山谷，那就是十里杜鹃花廊。从四月初开始，“一夜好风吹，新花一万枝”，山谷上下内外，开满了赤红、粉红、橙黄、金黄、纯紫、淡蓝、净白、乳白的杜鹃花。而且，在不同的生长期和不同的光线下，你会看到纯紫色幻化出深绿或淡青，玫瑰紫慢慢变成了玫瑰红。

井冈山杜鹃的著名，不仅仅是因为它的繁盛、美丽，更重要的是，它在中国革命史中的地位。1928 年，毛主席从秋收起义带来的红军部队在袁文才和王佐的拥护下走上了井冈山，让中国的革命开创了一片全新天地。八大样板戏之一的《杜鹃山》，更使井冈杜鹃天下闻名。

2010 年的首届中国井冈山国际杜鹃花节，举办有井冈山国际杜鹃花节旅游营销论坛，媒体和旅行商在井冈山各景区景点踩线、采风等系列旅游活动。这一系列的主题活动给节日的井冈增添了无限的风采，令广大来山游客乐不思蜀，流连忘返。

一株杜鹃是不起眼的，可无数的杜鹃花漫山遍野地开起来，就会让人激动不已。我们在欣赏杜鹃花时，主要看的是漫山红遍的效果，而不是哪一朵花显得特别优雅、特别美丽。这真有点辩证法的意思，别看人民群众平时不起眼，但联合起来就能发挥无穷的力量。决定战争胜负、民族命运的是人心向背，而非什么时势造英雄，英雄造时势，难怪我们的革命者会对杜鹃都情有独钟。

不知我们的读者，要看杜鹃花的时候，有没有这种感受呢？

## ◉ 中国橡胶树——杜仲

### 1. 物种简介

杜仲，又名胶木、丝连皮，皮连丝等，为蔷薇目（有人认为属荨麻目，也有人认为属金缕梅目）杜仲科植物，为非常古老的孑遗树种，稀有经济树种，国家二级保护植物。因为其树皮内含有胶质，因此被西方人称为“中国橡胶树”，但它与橡胶树并没有任何亲缘关系。

杜仲为落叶乔木。高可达 20 米，胸径 50 厘米；树干通直，树冠浓密，树皮灰褐色，粗糙。全树除木质部分外，树叶、树皮及果实都含有丰富的杜仲胶。老枝有明显的皮孔，小枝有黄褐色毛，但不久后会全部脱落。单叶互生；椭圆形或卵形，长 7~15 厘米，宽 3.5~6.5 厘米，先端渐尖，基部圆形或阔楔形，边缘有锯齿。幼叶上有柔毛，但在以后也会脱落，叶面也因此变得光滑。花单性，雌雄异株，与叶同时开放，或比叶开放稍早一

「杜　仲」

些，有花柄，无花被；雄花无毛，有雄蕊 6~10 枚；雌花有一裸露而延长的子房，子房1室，顶端有2叉状花柱。果为翅果，卵状，内有种子1粒。种子扁平，线形，花期在4—5月。果期在9月。早春开花，秋后果实成熟。

在自然状态下，杜仲生长于海拔300~500米的低山、谷地或低坡的疏林里，对土壤的选择并不严格，在瘠薄的红土，或岩石峭壁均能生长。经过人工栽植后，它对环境的适应性更强，丘陵、平原或者房前屋后的零星土地也不鲜见。

**2.物种价值**

杜仲是重要的药用植物。它的树皮对治疗肝、肾、胃病具有良好疗效，还富含人体必需的 8 种氨基酸和多种矿物元素，有助于清除体内垃圾、加强新陈代谢、防止肌肉骨骼老化、分解胆固醇和体内脂肪、恢复血管弹性，以及利尿清热、提高白血球等药理作用。

杜仲的树干木料洁白，质地坚硬，细腻美观，纹理通直，结构细致，是制造车辆、建筑、家具、农具和雕刻工具的好木材。

种子可以榨油，出油率在27%左右，可供工业使用。从其胶木、丝连皮、皮连丝、中国橡胶树的别名来看，便可知道是制作橡胶的极好材料，用于航空、航天、军工和医疗、体育、水利水电等领域的重要功能材料。

杜仲由于药用价值高，并且用途广，所以杜仲又被人们誉为“植物黄金”。

**3.物种分布**

与许多孑遗植物一样，杜仲曾广泛分布于北半球，只是在第四纪冰期中，绝大多数灭绝，今天的野生杜仲仅分布于陕西、甘肃、河南、湖北、四川、云南、贵州、湖南及浙江等省（自治区），但人工品种早已在全国广泛栽培，还被引种到欧美各地的植物园。

无论是种植面积，还是产量，湖南均居于我国的第一位。张家界的慈利县被誉为杜仲之乡，也是世界最大的野生杜仲产地。而位于湖南邵阳的崀山，因杜仲药用成分价值较高，被誉为“天下第一杜仲”。

**4.物种传说**

关于杜仲名称的由来，如今有许多说法，一般认为杜仲应是人名，并且此人必定与杜仲树关系密切。道教界多认为他是神仙，而民间多认为他是高明的医生，其结果是亦医亦仙，亦仙亦医，留下了不少动听的传说，这里只提一种。

古时候有个名叫杜仲的人，家里十分贫寒，全靠他上山砍柴维持生活，由于积劳成疾，落了个腰腿疼的病根。一天，他上山砍柴，腰腿疼突然犯了，疼得他抱着树干咬住树皮不敢松口，把树汁吸进肚里。不一会，腰腿疼得似乎不那么厉害，后来真的不疼了。杜仲想：“每次犯病都把我疼得死去活来，可是怎么咬住树皮吸进树皮汁就不疼了呢？”他好奇地看了看咬过的树皮，发现其断面有银白色丝状物相连，于是剥了一些带回家中，准备日后发病时再用。杜仲知道邻居老汉得的也是腰腿疾病，于是把备用的树皮拿来给老汉煎汤喝，一碗、两碗，老汉的病也好了。事情就这样一传十十传百地传开了，四面八方犯腰腿疼的病人都纷纷登门找杜仲医治，人们吃了用树皮煎的汤病都好了。为了感谢杜仲，人们就把这种树皮也叫杜仲，一直传到今日。

「杜仲的干燥树皮」

有关杜仲的传说还有很多，它们都寄托了人们美好的愿望。

## ◉ 南国人参——三七

提起三七，许多人或许不清楚；但提起云南白药和片仔癀，却是无人不知，无人不晓，其实，它们的主要成分就是三七。此外，驰名中外的田七牙膏所用的田七，也是三七的别称。

由于三七的功效与人参类似，而且只能生长于中国南部，而人参只能长于北方。因此医学界又有“南三七，北人参”之说。

**1.物种简介**

三七又名田七、血山草、六月淋、蝎子草，为伞形目五加科人参属植物。因为与人参同科同属，而有效活性物质又高于人参，又被称为“参中之王”。

有关三七的得名，有几种说法，一种是它在播种后三至七年挖采，药效最好；第二种是它每株长三个叶柄，每个叶柄生七个叶片；第三种是它长于山林，人受伤流血时，用其涂抹便如油漆一般将伤口封住，故称其为“山漆”，时间长了变成了“三七”。三种说法都有一些道理。

「三　七」

三七植株为多年生宿根性草本植物，高度约 60 厘米。根茎短，茎直立，光滑无毛。掌状复叶，具长柄，3~4 片轮生于茎顶；小叶 3~7 片，椭圆形或长圆状倒卵形，边缘有细锯齿。一年生三七的根通常用做种苗，从第二年的植株起便能开花结实，一般 7 月现蕾，8 月开花，9 月结实，10—11 月果实分批成熟。它们的花为顶生伞形花序，梗从茎顶中央抽出，长 20~30 厘米。花为黄绿色。开花约两个月后结果，其果为红色扁球形核果，内有种子 1~3 枚。它们发芽温度为 10~30℃，最佳温度为 20℃。

三七虽然模样普通，但与人参一样，对光照、土壤都有很高的要求，传统认为需要自然光照 30%才能正常生长发育，多了少了都不行，故三七荫棚有“三成透光，七成蔽荫”之说。其生长土壤以沙性的红壤最好，而且一块土地在种植三七后，要经过 10 年以上的休整之后才能再次种植。因此产地较受局限，推广不易。

**2.物种作用**

三七是我国最重要的药用植物之一，它的主根、侧根及茎干入药后有止血、散瘀、消肿、定痛作用，尤其是对内外伤导致的出血效果最佳。明人李时珍在《本草纲目》中称它为“金不换”，清朝药学著作《本草纲目拾遗》中记载：“人参补气第一，三七补血第一，味同而功亦等，故称人参三七，为中药中之最珍贵者。”

一般而言，三七的药用效果个头越大越好，在结籽之前采摘的春三七比结籽之后采摘的冬三七效果好。

除根茎外，三七花可直接泡茶喝，有清肝明目降血压之作用。

**3.物种分布**

野生三七分布地比较狭小，主要在我国西南山区。在历史上曾形成云南和广西两个种群，并在 10 多个省引种，但由其对生态环境要求较高，大多引种没有成功。

如今的三七主要分布于云南和广西，此外江西、湖北、广东、四川也有引种，不过，以云南省文山州最为常见，文山也因此在 1995 年被批准为中国三七之乡，2002 年，被批准为中国第一个获得原产地产品保护的中药材品种。据央视《边疆行》纪录片介绍，文山州三七的种植面积和产量均占全国的 90%以上。

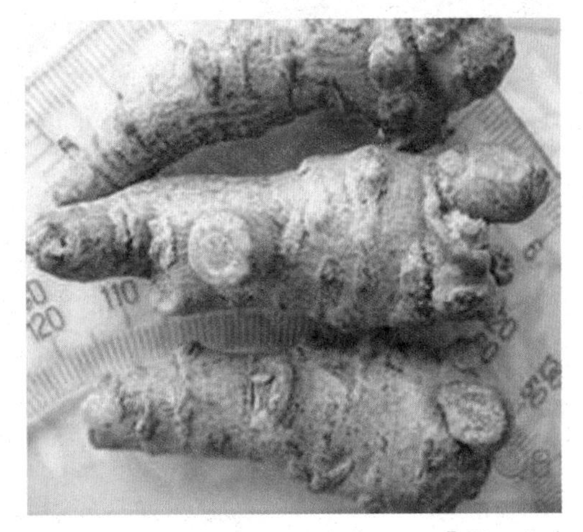

「三　七」

**4.三七与云南白药**

虽然三七的主产区——云南省文山州不在长江流域，但以三七为原料的最重要产品——云南白药却出产于长江流域的昆明市。

与它的配方一样，云南白药的发展历程也充满了神秘色彩。

云南白药最早叫“曲焕章百宝丹”，由云南外伤科医生曲焕章在1902年创制，1916年经云南省检验合格后颁发证书，允许公开出售。1938年，在徐州会战中因在治疗作战受伤的滇军士兵时发挥作用，因此声名远扬。不过，这也给不愿透露配方的曲焕章带来了杀身之祸。曲焕章因此被软禁，并抑郁而终。

「曲焕章」

1955年，曲焕章妻子缪兰英向国家献出了百宝丹的秘方，同年昆明制药厂将其改名为“云南白药”，批量生产。云南白药也从此由曲家的“祖传秘方”转变为国家级重点用药，为无数人解除伤痛之苦，为中国医药业的发展作出了巨大贡献。

有关云南白药的配方，国家卫生部始终封存，从未示人。但由于其主要功效——止血与三七的作用高度重合，几乎所有人都认定药内主要为三七成分，有关方面既未肯定，也没有否定，这也从一个侧面证明，三七与云南白药的密切联系。不过，云南白药在对症下药方面比普通三七有着不可比拟的优势，因此，在三七之外，它肯定另有重要成分，这当然是一般人想知道也不得而知的。

不过，对于一般人而言，知道了云南白药的功能主治后，再理解三七的药用作用就容易多了。因此一般人要了解三七，最便捷的莫过于两个常识，第一，它与人参同科同属；第二，它的药效约等于云南白药。

知道了这两点后，我们对三七的认识是不是立刻就加深了许多呢？

与云南白药类似，漳州片仔癀药业股份有限公司生产的片仔癀和广西梧州奥奇丽股份有限公司生产的田七牙膏，其主要药用成份也是三七，其主要功效也是清热解毒，凉血化瘀，消肿止痛，等等。

## ◉ 果中之王——猕猴桃

猕猴桃虽然在中国生长了数百万年，作为中国人的食品、药品至少有2000 多年的历史，但始终被视为野果，没有得到充分的开发利用。直到

20 世纪初一位新西兰人将其引种到自己祖国，并以“奇异果”的名称推广到欧美时，它才实现了由丑小鸭到白天鹅的转变。

**1.物种简介**

猕猴桃虽名为桃，但与蔷薇科的桃子没有任何亲缘关系。从外形看，与梨接近；从亲缘看，与茶树接近。它的得名，主要来源于李时珍在《本草纲目》中所写的“其形如梨，其色如桃，而猕猴喜食，故有诸名”。不过，这种说法未必正确，因为猴子什么样的水果都喜欢吃，并非只爱这一种，而且许多猕猴终其一生都见不到猕猴桃。我的观点更倾向于它表面有毛，形如猕猴毛茸茸的脸而得名。

猕猴桃是大型落叶木质藤本植物。根很浅，喜湿不耐旱。茎很长，一般可达 5~9 米，茎枝较大，髓为白色，呈薄片状。嫩枝红色，有浅棕色毛，老后渐渐脱落。叶为纸质，无托叶，倒阔卵形至倒卵形或阔卵形至近圆形，在茎上交互着生，背面也生有浓密的绒毛。

「猕猴桃」

猕猴桃雌雄异株，一般 4 月开花，无论雌雄，都是聚伞花序。雄花开放较早，雄蕊极多，毛多花小，而雌花开放较晚，子房上位，毛少而花大。由于雌雄花不同株，也没有蜜腺，很难吸引蜜蜂等昆虫传粉。5 月结果，9—10 月果实成熟。果实与梨子相似，大小与鸭蛋差不多，上面布满绒毛。一般而言，野生猕猴桃三四年开始结果，六七年时进入盛果期。

野生的猕猴桃生命力虽然顽强，但要发育良好，对环境要求也比较严，就光照而言是喜光怕晒，就气温而言是喜冷怕热，就湿度而言是喜水怕涝。阳光过强或过弱，气温过高或过低，水份过多或过少，都长势不好。因此，它们最易于适宜在气候温和、雨量充沛、土壤肥沃、植被茂盛的地区，土壤以深厚、排水良好、湿润中等的微酸性黑色腐殖质土、砂质壤土为最佳。

除药用和食用功能外，作为藤蔓类缠绕植物，猕猴桃主干盘曲，枝叶浓密，花美且芳香，适用于庭院布置和垂直绿化。

**2.物种分布**

中国有句古话：“穷在闹市无人问，富在深山有远亲”，以此来形容猕猴桃似乎比较合适。想当年，野生猕猴桃在中国的荒野山谷中生长了千百万年，很少有人对它一探究竟。如今出名了，宣称自己是猕猴桃的原生地的也多了起来，如陕西的秦岭、湖北的神农架，以及贵州、湖南等地。其实，猕猴桃本身就有很多种，各地的猕猴桃各有特色，硬要弄清谁是猕猴桃的原产地没有多大意义，我们只要知道它原产于中国就行了。

如今，中国的猕猴桃主要分布于陕西、四川、河南、湖南、贵州、浙江、江西等省份，主要都在长江流域。其中又以陕西最多，其栽培面积和产量均居全国首位，随后是四川、河南、湖南等省。

除中国外，全球还有 30 多个国家和地区也种植了猕猴桃，其中意大利、新西兰、智利的栽培面积和产量在中国之后，分居第二、三、四位。

**3.走向海外**

猕猴桃首次走出国门是 1849 年，当时，英国一家花卉公司派专家到湖北的西部将其引种到英国，并很快引种到美国。不过，由于气候及养殖等原因，结果率不良，只能当作观赏植物。

1903 年，一位名叫伊莎贝尔的新西兰女教师到宜昌看望她的姐妹，第二年回国时把猕猴桃种子带回。此后，新西兰的农场主对不断地进行驯化和品种改良，终于取得了成功。到 20 世纪 30 年代，产于新西兰的猕猴桃终于实现了果品的商品化。1952 年，猕猴桃鲜果首次打入欧美市场，为新西兰赢得了很高的经济效益。世界各国纷纷从新西兰进口苗木或自己育苗建园。

不过，在欧美国家，新西兰猕猴桃的名字叫奇异果，这说来还有一段故事。

在最初伊莎贝尔将它引进新西兰时，人们叫因它来自中国，而且味道较酸，因此称它为中国醋果。后来为了促销，起了个商品名美龙瓜。在 1962 年，美国从新西兰进口猕猴桃时，为了打开市场，有水果商建议以新西兰特有的 Kiwi 鸟来命名该水果，因为这种鸟有类似猕猴桃那样毛茸茸的羽毛，颜色也相差不远，而且名声也大，很快被人们接受。于是，猕猴桃一跃而变为奇异果，听上去像新西兰的水果了，以致许多人忘记了它的祖籍在中国。

「新西兰奇异果」

有关奇异果与猕猴桃的关系，许多人不太清楚，其实，通俗地说，奇异果就是经过新西兰人改良了的猕猴桃。与野生的猕猴桃相比，它们果皮更加饱满，皮上的毛均匀而稀少，而且果品的质量有了较大提高，可以在坚硬的时候生吃，也可以贮藏较长时间。而我们的猕猴桃必须放置一段时间，变软后才好吃。

**4.我国现状**

我国虽是猕猴桃的原产国，但直到国外普遍种植猕猴桃时的 20 世纪 70 年代末，才开始对猴桃进行人工养殖。不过，我们起步虽晚，但进步很快，目前我国的猕猴桃种植面积和产量均居世界第一位，相关猕猴桃产品也日渐完善，但是国内猕猴桃产品市场还远未成熟，同发达的欧美国家相比，无论市场规模、产品档次、品种规格、消费水平等方面都还有相当大的差距。随着我国市场经济的快速发展，猕猴桃加工技术水平、产品质

「猕猴桃树」

量的提高，应用领域的不断扩展，我国的猕猴桃行业将会有巨大的市场需求和发展空间。

## ◉ 神奇美味——莼菜

“想起了藕就联想到莼菜。在故乡的春天，几乎天天吃莼菜。莼菜本身没有味道，味道全在于好的汤。但是嫩绿的颜色与丰富的诗意，无味之味真足令人心醉。在每条街旁的小河里，石埠头总歇着一两条没篷的船，满舱盛着莼菜，是从太湖里捞来的。取得这样方便，当然能日餐一碗了。”

这是当代文学家、教育家叶圣陶在 1981 年 11 月修改完成的著名散文《藕与莼菜》，藕与莼菜勾起了这位年仅八旬的老者对故乡无限的回忆。

### 1.物种简介

莼菜又名蓴菜、马蹄菜、湖菜等，是睡莲科莼属的多年生宿根草本植物。其生物形态与睡莲相近，只是个头小了许多。其根茎横行于泥中，茎长约 1 米以上，沉浸水中。叶稀疏而互生；有细长叶柄；最上面的叶片浮出水面，卵形至椭圆形盾状，长 5~12 厘米。叶脉放射状，上半部脉有毛，茎及叶被有琼脂样的粘质。花两性，小伞形花序，腋生，小球形，单生或数个聚生于小枝上端。花冠钟状黄色，小花白粉色或绿白色或淡黄白色；萼片小，花瓣 5 枚；雄蕊 5 枚；子房下位，2 室，每室具胚珠 1 枚，柱头 2 枚。花期 6~8 月。

莼菜其貌不扬，但对环境却很挑剔。早在 1500 多年前，北魏学者贾思勰在写《齐民要术》时就发现它“宜洁净，不耐污；粪秽入池，则死矣。”不过，它也有优点，即一旦种活，则产量稳定，不仅采摘期长，而且可以反复采摘，摘得越勤，长得越好，即贾思勰所说的，“莼性易生，一种永得，种一斗许，足以供用。”不过，莼菜好吃的部位既不是最下的根茎，也不是最上面的花叶，而是沉在水中还没有开放的嫩芽，因此采摘起来必须首先用手把

「莼　菜」

上面的叶子拨开，放在电视片中十分好看，但劳动强度很大，看来想吃好的也没有那么容易。

### 2.物种价值

莼菜在生物学上没有任何过人之处，它的最重要价值在于食用。

莼菜本身没有味道，也没有多少营养，但其尚未出水的幼叶与嫩茎中含有一种胶状粘液，食用时让人感到细柔滑润、清凉可口，并在口齿处留有沁人心肺的清香，因此不吃则已，吃后常常让人爱不释口，而且久久不能遗忘。

我们细看那些赞颂莼菜的诗文，绝大多数出自远离故乡的江浙人士之手，如西晋初年的陆机、张翰以及现代的叶圣陶等等，这已经成为一种文化现象。

「西湖莼菜汤」

贾思勰认为“诸菜之中，莼菜第一”；在唐代时莼菜正式成为江南向朝廷进贡的贡品。乾隆帝六下江南，每到杭州都必吃莼菜，写下了“花满苏堤柳满烟,采莼时值艳阳天”的诗句，更让莼菜带上了一层高贵而神秘的面纱。

中国人讲求药食同源，好的食材往往成为好药材，莼菜也不例外，它的胶状物中富含胶原蛋白，以及锌、硒、钾等微量元素，蕴含丰富的维生素B、维生素C、淀粉、葡萄糖和众多氨基酸，可清热解毒，主治高血压病、泻痢、胃痛等疾病，将其捣烂后可治外伤，这些都与莲花相似。

### 3.物种分布

莼菜是野生水草，在北美洲全境、非洲南部、大洋洲均广泛分布。不过，人工驯化，并作为美食原料的莼菜主要产于我国东南部，以及日本、韩国等地。如今，在中国主要分布在云南、四川、湖南、湖北、江西、浙江和江苏七省，基本沿北纬 30° 或长江干流延伸。因此，基本可以认为莼菜是长江流域的特产。

### 4.太湖莼菜、西湖莼菜和石柱莼菜

我国最著名的莼菜品牌是太湖莼菜和西湖莼菜，而最重要的莼菜产区在湖北西部和重庆直辖市。重庆市的石柱县已异军突起，成为我国最大的莼菜生产基地。

太湖莼菜的人工栽植始见于明末清初，因水质优良，这里的莼菜生长良好，繁殖较快，每年“清明”的“春莼菜”和霜降时节的“秋莼菜”都让无数食客爱不释口。除鲜食外，莼菜还可加工成瓶装或罐装保存。这里的莼菜除满足当地食用外，还大量出口到日本、韩国。

西湖莼菜与太湖莼菜类似，也曾经是无数人舌尖的美味，乾隆爷六下江南，每次到杭州必吃的，也就是西湖莼菜。不过，如今的杭州西湖早已开发殆尽，即使不开发，其水质也根本无法满足莼菜要求，因此，杭州莼菜生长的地方主要在西湖区双浦镇一带，不过由于城市建设，许多已被征用，加上劳动力成本太高，莼菜种植早已萎缩了。

如今的西湖莼菜多为贴牌，真正产地主要分布在西南的欠发达地区，重庆市的石柱县便是最大的产地之地。

「采摘莼菜」

石柱县的莼菜始于 1986 年，但没有形成产业链，只能边远地区零星种植。从 1995 年开始，石柱莼农借助“西湖莼菜”品牌，将莼菜借道浙江出口，在十几年中迅速发展成种植面积 1.3 万亩，产量 1.3 万吨的全国最大莼菜生产出口基地。2005 年开始，石柱县通过多方努力，有三家企业终于获得莼菜直接出口权，大大缩短了莼菜出口时间，减少了中间

环节，使每吨新鲜莼菜产值可增加1000元以上。

目前，石柱莼菜在国内市场知名度也迅速上升，销量逐年递增，并渐渐向着深加工方向发展。今后，随着交通条件的改善，莼菜农业有望持续看好，成为该县一个强劲的经济增长点。

## ◉ 忍冬傲雪——金银花

它充满灵性，能够在凛冽的寒冬中保持难得的青绿；它卓尔不群，能够在初春的山谷间悄然生长；它是重要的盆景植物，以强大的攀援力为独门绝技；它又是著名的药物，1500年来为国人清热解毒，延年益寿。

它就是金银花，又名忍冬。

### 1.物种简介

金银花为忍冬科忍冬属多年生藤本植物，别名二花、金银花、老翁藤等。因为它凌冬不凋，能够在万籁俱寂的山林间保持难得的绿色而得名忍冬；又因其初开时洁白如玉，过几天后色泽变黄；黄白相间，如金银色而得名金银花。

有关金银花的性状，李时珍在《本草纲目》中有过详细的介绍："忍冬在处有之。附树延蔓，茎微紫色，对节生叶。叶似薜荔而青，有涩毛。三、四月开花，长寸许，一蒂两花二瓣，一大一小，如半边状。长蕊。花初开者，蕊瓣俱色白；经二、三日，则色变黄。新旧相参，黄白相映，故呼金银花，气甚芬芳。四月采花，阴干，藤叶不拘时采，阴干。"

「金银花」

通过这些，我们可以知道，第一，它是藤蔓植物，直立性差，需要攀着于其他物体上；第二，卵形叶子对生，纸质，枝叶均生有很密的毛；

第三，它的花色先白后黄；第四，它是药用植物，花和藤皆可入药。而对于其根系和果实，李时珍没有描述，我补充如下。金银花根系发达，萌蘖性强，既可以分枝繁殖，也可以扦插繁殖，而且由于其茎蔓着地即能生根，还可以采取压条繁殖。其茎很细，不能直立，只能匍匐于地或攀附别的物体生长。它的果实为球形，黑色。种子卵圆形或椭圆形，褐色。

金银花一般在初春时开花，不过，经过人工栽培后，一些花的生理习性已经改变，出现了一年多次开花，甚至在盛花期每月都开花的品种。

金银花的生命力十分顽强，耐阴、耐寒、耐酸碱、耐瘠薄、耐旱、耐湿，甚至可以在乱石堆和村庄的篱笆里生长。不过，它们更喜欢阳光充足和温暖湿润的环境，而在荫蔽处和瘠薄地上长势不良。

金银花的寿命很长，据专家介绍，一般品种的金银花自然寿命可达百年，经济寿命在 30 年以上。

早在 1500 年前，我国就开始了金银花的人工栽种，近代以来，不仅培育出了新的品种，还逐步走向海外。由于国外对我国的金银花一直有较强的需求，因此，新中国成立以来，始终将其列为我国重要的出口产品之一，为我国的经济发展提供了宝贵外汇。

**2. 物种价值**

金银花的最重要价值，当然是制药。早在 1500 年前齐梁之际的医书《名医别录》便有用它制药的记载。

现代医学表明，金银花富含绿原酸、木犀草素苷等药理活性成分，对溶血性链球菌、金黄葡萄球菌等多种致病菌及上呼吸道感染致病病毒等有较强的抑制力，另外还可增强免疫力，因此其临床用途非常广泛，可清热解毒，也可与其他药物配合，用于治疗呼吸道感染、菌痢、急性泌尿系统感染、高血压等病症。

「金银花茶」

其次是饮用价值，由于具有清热解毒功效，以它的花入水泡茶也受到国人喜爱。如今，它也是许多凉茶的重要组成部分。值得一提的是，在古代，人们一般只用忍冬的藤入药，而将花制成茶品；直到后来才正式将其花也入药。

除药用和饮用价值外，金银花还善于匍匐生长，可以做绿化矮墙；亦可以利用其缠绕能力制作花廊、花架、花栏、花柱以及缠绕假山石等等。它也是极佳的盆景植物。

### 3. 物种分布

金银花在中国各省均有分布。其种植区域主要集中在山东、陕西、河南、河北、湖北、湖南、江西、广东等地。在朝鲜和日本也有分布。

在近代以后，金银花还被引入到北美洲，但外国人并不像中国人那样开发利用，结果因其生存能力太强，在新环境中缺乏制约因素，成为让当地人头疼的杂草。

### 4. 金银花改名风波

长江流域是金银花的重要产地，流域内的湖南、贵州、四川、重庆都有大片的金银花生产基地，尤其以湖南的隆回县、重庆市秀山县和贵州黔西南最为知名。

与北方的金银花相比，长江流域的金银花的花朵密集、亩产量高，但药用价值稍逊一筹。在北方金银花价格居高不下时，南方的金银花在市场和价格上占有一定的优势，成为当地农民的重要收入来源。

「金银花盆景」

2003年“非典”期间，金银花市场需求大增，价格上涨，刺激了南方金银花的生产，也引起了南北方金银花种植者的矛盾。以山东平邑为代表的北方人士认为，南方的忍冬在性状上与北方有别，药效也稍差一些，但在宣传上采用与北方一样的口径，不加任何说明，让人以为两者效果完全一样，有以次充好之嫌，严重影响了北方药农的利益。

在北方人士的呼吁下，2005 年国家修订了《中国药典》，将原来合为一处的金银花和山银花分别入典，将“红腺忍冬”、“华南忍冬”、“灰毡毛忍冬”等归入山银花项下；而在“金银花”项下只保留一个植物来源，即忍冬科植物忍冬的干燥花蕾。这意味着，南方多省种植的不同种类的“忍冬”都变成了山银花。

更重要的是，在两花分家后，部分媒体针对山银花进行了不负责任的夸大宣传，使山银花陷入连绵不断的“谣言风波”，市场份额大大减少，价格一路下跌，使南方的种植业者和地方财政均蒙受重大损失。

为此，湖南、重庆、贵州、四川及广西 5 省（自治区、直辖市）的 10 个县曾以联名方式向国家食药监总局表达恢复原名诉求，希望将山银花重新收入金银花。2013 年，湖南省纪委的官员甚至以实名举报的方式状告食药监总局和国家药典委。南方主产区许多地区至今拒绝使用山银花这个名字，仍叫金银花。

越来越多的实例表明，金银花与山银花之争，不仅是单纯的学术争论，它更多地涉及了地方经济的博弈。

## 其他植物

### ◉ 神奇藏药——冬虫夏草

自然界的残酷竞争，在它小小的身体里浓缩成一个片断；市场的无序炒作，让它身价倍增，甚至价比黄金。它叫冬虫夏草，但它既不是虫，也不是草；它的作用在治病救人，但畸高的身份却让它与平常百姓渐行渐远。

「蝙蝠蛾幼体」

神奇的冬虫夏草，隐藏着太多的自然奥秘，等待我们去发现，去发掘。对于那些出于炒作而对它功用过于夸大的宣传，也同样需要我们擦亮双眼，去伪存真。

**1.物种简介**

冬虫夏草，别名虫草、中华虫草，它的名称是虫是草，但其实却非虫非草，而是一种真菌（虫草真菌），说得更明确些，是蝙蝠蛾与虫草真菌的结合体。

冬虫夏草的生长机理很有趣，它的寄主是高原上的一种蝙蝠蛾。在正常情况下，蝙蝠蛾一生要经历卵—幼虫—蛹—成虫四个阶段。不过，如果少数幼虫受虫草真菌的感染，或者吃到了含有虫草真菌的植物后，会身体僵硬，虽一息尚存，但已无生活能力，只能眼睁睁地被体内的真菌掏空身体。幼虫死亡后，真菌会从虫体的头部长出类似触角的子座，成为真正的虫草。因此，冬虫夏草名称虽美，却隐藏着青藏高原血淋淋的物竞天择，优胜劣汰的残酷生存法则。

古人不知虫草的生长原理，以为它在冬天时是活动着的虫子，到夏天不动了，却长出类似草的触角，因此视其为神物。并编造了诸多美丽的神话、童话以解释这种现象。

**2.物种价值**

冬虫夏草与人参、鹿茸并称为“中国三大滋补药材”，在藏药中占有重要地位。早在公元8世纪时，吐蕃的医书《月王药诊》和《藏本草》中都有冬虫夏草入药治病的记载。而在汉族地区，至少有70本的医书收录了冬虫夏草，并将其药效归纳为：药性温和、阴阳并补、止血化痰、补肺益肾，等等。现代医学还发现，虫草具有降血压、抗衰老、抑制肿瘤的作用。即使没有疾病，只要不过量服用，也可以强筋健骨，增强身体免疫力。

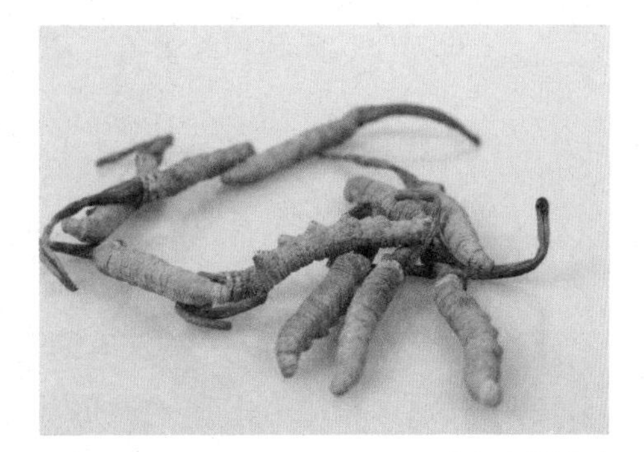

「冬虫夏草」

冬虫夏草药性最好的时节是

初夏，也就是子座刚刚钻出虫子头部的时候。每到此时，不仅产区的藏民全家动员，上山挖草，还有不少人千里迢迢地从内地赶来，让往日平静的高原热闹非凡。

**3.物种分布及现状**

冬虫夏草不是独立的物种，它的分布区取决于寄主——蝙蝠虫，即冬虫夏草的产地首先必须是蝙蝠蛾的产地，有没有蝙蝠蛾也是判断能不能生长冬虫夏草的主要依据。

据考察，全世界只有中国、印度、尼泊尔和不丹四个国家拥有冬虫夏草资源，中国的虫草主要产于青海、西藏、四川、云南、甘肃等地的高寒地带。

虫草的分布极不均匀，有一种来自青海的说法是中国的产量占了全世界的95%，而青海的产量占了全国的60%以上，而果洛和玉树两州又占据了青海省产量的80%（这样算来，仅仅这两个州就占据全世界总产量的一半左右，笔者对此存疑）。

近年来，由于草场退化以及人工挖掘过度，冬虫夏草的数量呈明显下降态势。主要原因是受人类活动影响，蝙蝠蛾的数量少了，雌蛾的产卵量和孵化率也在不断降低。据当地藏民说，在20年前，他们一天可以挖到几十斤，而到了今天，别说一斤，就是挖到一棵也不容易。不过，受到利益驱使，每到初夏季节，到山里采虫草的人依然络绎不绝。

**4.物种传说**

对于冬虫夏草的生成机理，古人无法理解，于是借助想象，产生了不少美丽的传说。

据说从前一个国王有两个儿子，老大为了争夺王位，想乘弟弟到山上游玩时将他杀死。一位仙人得知情况后，便让弟弟变成了虫子。老大找不到弟弟，于是施展魔法变成了山鹰，想吃掉这只虫子，可是虫子很机灵地钻到了地里，并且长出一根草尾巴，淹没在草的海洋里了。山鹰无可奈何连气带急地死掉了。弟弟也看破红尘，不想继承王位，宁愿以自己的身躯为人们健康做出贡献。这件事感动了山神，于是山神就在他的身体里注入了长生不老的药。从此，谁能勇敢而不避艰险地到冰峰雪岭去采挖虫草，吃了以后也就可以延年益寿了。

「藏民挖虫草」

还有一个说法与藏王松赞干布与文成公主有关。相传文成公主进藏后，因高原缺氧和旅途劳累，不久就生病了，而且久病不愈。一日，文成公主在布达拉宫天井休息时，只见一只蝴蝶在她身旁飞翔，很是欢喜，便叫管家前去捕捉。不料蝴蝶越过宫墙向山下飞去，管家紧随不舍，一路翻山越岭、跨江涉湖。当他追到那曲的梅邦山时。蝴蝶钻进草丛不见踪影，管家失望之极昏倒在地。许多天以后，管家苏醒，看到身边几根奇特的小草朝他微微摆动，他顺手轻拽，居然看到一只似虫非虫的物体随小草带了出来。他想这肯定是那蝴蝶转世的神物，便小心地地揣入怀中，返回布达拉宫进献给松赞干布和文成公主。御医将其捣碎后，倒入青稞酒中让公主服下，公主服用后，不仅身体渐好、还更加光彩照人。从此每年初夏季节，布达拉宫的大批御医都要前往那曲梅邦寻找采挖造福百姓的圣草——冬虫夏草。消息传开，西藏各地的僧俗大众也都将每年新采挖的最好的虫草进贡于布达拉宫。

在汉族地区也有类似传说，有人甚至说冬虫夏草救过武则天的命，这就有点过于牵强了，有胡乱炒作之嫌。

**5.物种保护**

冬虫夏草虽不是国家保护动植物，但随着资源的枯竭，青海、西藏以及周边省区先后采取了一些保护措施，主要包括退耕还林，退牧还草，以及人工培育等等。其中，前两者是保护其栖息地，后者是以人为干预的形式保护物种资源。

青海省早在1979年就开始对冬虫夏草进行了人工培育，在30多年的时间内，科研人员先后攻克了饲养蝙蝠蛾、培育虫草真菌，使蝙蝠蛾感染真菌而成为僵虫等难题，但始终没有解决最后一个难题——使菌丝在虫体内长出子座，并冲出虫子头顶，也就是俗称的“长草”。因此，至今还无法解决其人工繁殖难题。

冬虫夏草的人工繁殖是一项复杂的系统工程，涉及到真菌学、动物学、生态学、土壤学方方面面，涉及产区的气候与环境因子。

尽管我们今天还没有攻克最后一道难题，但种种迹象表明，我们正走在一条正确的道路上，总有一天，冬虫夏草会与三大滋补品的另两个——人参和鹿茸一样实现人工繁育，并最终造福于人类。

**6. 虫草市场乱象**

冬虫夏草无法实现人工繁殖，而野生虫草数量稀少，因此，与藏獒、翡翠、红木一样，冬虫夏草也在市场上经历了一次次的狂热炒作，身价连连暴涨，到了令人咋舌的地步。中央电视台在2012年录制了《疯狂的虫草》，并在3·15期间播出。片中说道：“面向全国直销虫草的西藏商城，提供的一份价格表显示，每千克2000根规格的虫草在2009年的价格是10万元，2010年的价格低点是每千克13万元，2011年6月的直销价格为每千克16万元，而到目前已经超过了20万元。其上涨幅度最大的时间节点都是在春节前。”

「滥挖虫草」

然而，在天价的背后，却满是谎言，在纪录片中列举了几个常见的制假手段，如移花接木、虚报产地、金属增重、模型加工，等等。专家们明确表示，在市场上冠以虫草名称的植物有470多种，其中只有一个是冬虫夏草，其余的品种与之相距甚远，但不法商贩们全部号称“冬虫夏草”，坑人骗钱。此外，有的不法商贩为牟取暴利，以铁丝贯穿虫草身体，或添加金属粉，这样的虫草不仅不能治病，相反还会导致中毒，这无异于谋财害命。

冬虫夏草市场的乱象，一方面说明了国人对健康的关注，另一方面也反映出他们的盲从心理。冬虫夏草再神奇，在本质上也只是真菌，其营养比一般的蘑菇、木耳高不了多少。它的疗效绝对抵不上积聚无数人心血，并经过高度提纯后合成的化学药物。假如每一个消费者都能以平常心去看待疯狂的冬虫夏草，而不是随波逐流，哄抬物价，或许过不了多久，冬虫夏草将卸下这神秘的天价外衣，走进寻常的百姓生活。

这一天，或许很遥远，或许并不遥远，我相信，它终会到来。

## ◉ 恐龙美食——桫椤

在恐龙繁盛的年代，桫椤曾是植食性恐龙最喜爱的食物，遍布于地球的角落。伴随着恐龙的灭绝，绝大多数桫椤和木本蕨类也遭受灭顶之灾，只有极少数存活下来。如今，桫椤不仅是当之无愧的植物“活化石”，还是存活至今极少数木本蕨类之一，仅此两点，便足以树立它在植物界不可动摇的地位。

在武汉想目睹桫椤的风采决非易事，多年来，笔者只在“农耕年华”的温室里发现了它们残缺的身影，不过，在武汉植物园的温室中生长的笔筒树，却打破了桫椤是留存至今唯一木本蕨类植物的传统认识。或许随着生物学的发现，桫椤的处境没有想象中的那么孤单。

「桫椤树」

### 1.物种简介

桫椤，又名树蕨、水桫椤、刺桫椤、龙骨风、七叶树、蛇木等，是目前地球上极少数树形蕨类植物之一，也是最大的蕨类植物。

全世界的桫椤共有 8 属 900 余种，主要产于热带亚热带地区。我国有 3 属 20 余种，分布于西南和华南地区，全部是国家一级保护植物。

桫椤树的外形如缩小版的椰子，高 1~6 米，胸径 10~20 厘米。它们的躯干竖直，没有年轮，髓部因富含光合作用合成的淀粉，显得潮湿而致密，因此很难燃烧。在饥荒季节，还可以勉强食用充饥。它们的结构相对简单，没有树枝，只在树干上部有残存的叶柄，在树冠顶部有螺旋排列着带有长柄的条带状羽状复叶。叶片为纸质，绿色。

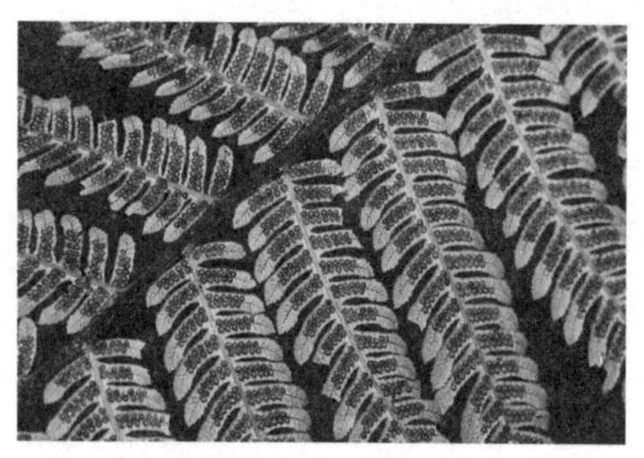
「桫椤树叶背面的孢子」

与常见的树木不同，桫椤不开花，不结果，也没有种子，完全依靠隐藏在树叶背面的孢子繁衍后代。其孢子呈钝三角形，黄褐色。囊群盖近圆形、膜质，幼时完全包裹孢子，成熟后开裂并折向中脉。同一株桫椤各叶片上生长的孢子囊群发育不同步，即使同一叶片上的孢子囊群发育也不同步。它们一般在 2—3 月孕育，4 月孢子囊群发育，呈绿色；5 月为浅褐色，孢子趋于成熟；6 月呈褐色，孢子开始成熟。不过，最晚成熟的孢子可能要拖到 8 月份以后。桫椤的孢子体生长缓慢，生殖周期较长，可保存多年仍不丧失萌发能力。

桫椤属半阴性植物，喜温暖湿润的气候，对环境要求比较苛刻，大多独自栖身于乔木或灌木林，有的两三株在一起生长，只有在极少数地区才出现十株或成百株构成优势群落。群落中枝繁叶茂，遮天蔽日，十分壮美。

**2. 物种价值**

作为恐龙的主要食物和留存至今极少数木本蕨类之一，桫椤在生物学上具有无可动摇的科研价值，它研究蕨类植物和恐龙的兴衰，以及地质变迁具有重要参考价值。

> 桫椤树干通直，外皮坚硬，花纹美观，树冠形如华盖，叶柄长而叶片整齐，具有很高的观赏价值。

桫椤树的髓部可作药用，具有味辛、微苦性平、能祛风湿、强筋骨、清热止咳。常用来治疗跌打损伤、风湿痹痛、肺热咳嗽、预防流行性感冒、流脑以及肾炎、水肿、肾虚、腰痛、妇女崩漏、中心积腹痛、蛔虫、蛲虫和牛瘟等。内茎液汗，外用可治癣症。其茎杆髓部含淀粉在25%~30%，可提取淀粉代食品，其根茎具有清热解暑等功效。

### 3.物种分布

桫椤树在世界上已有三亿年历史，在距今约一亿多年前的白垩纪和侏罗纪时达到极盛，是草食性恐龙的主要食物之一。分布于世界各地（当时地球只有一个完整的陆地——冈瓦纳古陆）。但随着地质变迁和气候变化，特别是第四纪冰期的影响，绝大多数地区的桫椤销声匿迹，只在少数地区零星分布。桫椤在我国的分布区，南起北纬 18 度，北到北纬 30 度，如福建、台湾、海南、广东、广西、贵州、四川、云南、西藏等省（区）都有分布。此外，在尼泊尔、不丹、印度、缅甸、泰国、越南、菲律宾和日本南部也有分布。其海拔多在 250~900 米，喜静风、高湿、荫蔽的生境中。

### 4.物种现状

由于人为砍伐或自然枯死，以及生存环境的恶化，桫椤存世数量越来越少，已处于濒危状态。世界自然保护联盟将桫椤科的全部种类，列入国际濒危物种保护名录。中国也将其列为一级保护植物，并在长江流域的贵州赤水和四川自贡建立了桫椤自然保护区，流域外的广东、福建也建立了旨在保护桫椤的自然保护区。本书仅介绍赤水保护区。

「桫椤树叶」

在对野生种群加以保护的同时，我国在 20 世纪 80 年代就开展了桫椤的人工养殖，并取得一定的成果。

### 5.物种典型——赤水桫椤国家级自然保护区

赤水桫椤国家级自然保护区位于贵州省赤水市葫市镇金沙沟一带，是我国唯一针对桫椤的国家级保护区。保护区离赤水城40千米，群山环抱、森林茂密，水土优良，人迹罕至。而且酸性土壤、气候潮湿、风力小、光照强，相对封闭的山谷气候，为桫椤的生长提供了良好的条件。

「赤水桫椤自然保护区」

这里的桫椤树最早发现于1983年，1984年，建立省级保护区。1992年升格为国家级。

保护区总面积133平方千米，其中核心区面积 55 平方千米，缓冲区面积40平方千米，实验区面积38平方千米。在区内，科技人员共发现桫椤数量达 4 万多株，远远超出全国其他地区。这些桫椤普通株高4~6米，很多地段成片分布，并形成优势群落，是目前国内少见的桫椤天然集中分布区。

当地百姓对桫椤充满敬畏，传说它移栽便死，树干可食（大约是髓部富含淀粉，在饥荒年代，人们在以树皮、观音土充饥时，确实是可救人活命的食物），遇火不燃（树干水份大，淀粉多，确实不易燃），称其为神树，极少破坏，这也是它们生存至今的重要原因。

除桫椤外，保护区内还有蕨类植物近200种，种子植物500余种，以及众多的野生动物，其中不乏国家级珍稀动植物。

2000年10月，经国家旅游局批准，在赤水桫椤国家级自然保护区内开设了“中国侏罗纪公园”。

### 6.与之类似的笔筒树

在武汉植物园温室，我看到了笔筒树，这棵橡皮树与大戟科榕属的高大乔木完全不同，却与桫椤十分相似，远看都像缩小版的椰子树。

如果没有见到这棵树，我一直会认为桫椤是留存至今唯一的木本蕨类植物。尽管我在本能上对“唯一”、“最大”这类绝对词一直敬而远之，但始终没有得到确切的事实，橡皮树无疑证实了这点。

这也证明一个颠扑不破的真理——人的知识总是不完全的，只有实践才是检验真理的唯一标准。

# 后 记

如切如磋，如琢如磨，艰难困苦，玉汝于成。经过近半年的辛苦劳作，《长江流域的珍奇生物》一书终于如期完成，这应该是一件令人欣喜的事。

我最初接受任务是在今年 3 月，当时，长江出版社的社长赵冕找到我，希望我能写作本书。对此，我颇有顾虑。因为我在此之前虽然写过类似作品，但毕竟不是科班出身。长江流域的珍奇生物数量繁多，我真正了解的并不多，如果专写一省一地的生物资源勉强还行，可要在短时间内写一本书，概括长江流域 180 万平方千米上的诸多珍奇生物，我实在心中没底。

不过，任务既然下达，说明组织信得过我，我也只能义不容辞地接受下来。好在原来写作时的笔记还在，曾经购买的参考书还在，湖北图书馆和武汉图书馆都离家不远，有大量资料可供参考。再加上互联网上的信息，真可谓浩如烟海、汗牛充栋。只是这些东西多为死的文字，缺乏珍奇生物的“活的灵魂”。为此，我多次前往武汉市及湖北周边的各大植物园、动物园，并抓紧时间到庐山植物园生活了几天，掌握生物性状，了解生物习性，也为自己的创作增添点生活的元素。

同时，我发现，一些权威媒体曾经为许多重点动植物制作过纪录片，其实中央电视台的专题片不仅音画俱佳，而且许多解说词本身就是极好的叙事散文，完全可以为我所用，于是我下载了不少视频文件，并受益匪浅。

准备材料基本完成后，从 4 月份起，我开始了具体的创作，此间的经历可真可谓“纸上得来终觉浅，绝知此事要躬行”，“书到用时方恨少，事非经过不知难”。时常会出现文笔迟钝、才思枯竭，以至于怎么也写不下去的时候，真的想打退堂鼓。但想想领导的关心、出版社的期待，以及自己付出的辛劳和汗水，也只能咬牙坚持了，好在这些困难最终都顺利克服了。大约 8 月中旬时，书稿基本完成。想想这四个月，从初春到盛夏，时间悄然从手指间溜过，参考书籍积满案头，自己的点滴知识、感悟通过键盘化为文字，真有点恍惚的感觉。

在写作中，我遇到了许多问题，如有些很有代表性的生物，如动物界的黑麂、林麝、疣螈、川陕哲罗鲑以及植物界的连香树、香果树等，或无法见到，或见到了也不认识，因此不和不忍痛割爱。还有一些物种，不同媒体提供的信息出入较大，部分媒体常用似是而非的夸大词语吸引眼球，要找到真相并非易事，为此，本书只选取权威媒体发布的数据。此外，由于珍奇生物一般等级较高，因此被子植物和哺乳动物比重较大，而相对低级如苔藓、地衣类本书没有收集，在动物物界中，最高级的灵长目和豚类数量太少，只能与最低级的桃花水母放在一起，多少给本书留下了一些遗憾。

有遗憾不是坏事，至少说明我还有进步的余地。我知道自己精力有限，水平有限，加上写作时间匆忙，错讹谬误想必不少。但能够为丛书的出版，为长江文化事业奉献自己的一点力量，我深感自豪。如果读者能够通过我的叙述，对长江流域的丰饶物产及博大精深的长江文化有直观的认识，那我更深感自豪。

最后感谢长江出版社及丛书编委会的领导，感谢原作者李典军，同时也感谢那些为本书出版做出无私奉献的每一个人，没有他们，本书的写作和出版都是不可想象的。

**李卫星**

2018 年 8 月

图书在版编目（CIP）数据

珍奇生物 / 李卫星编著． —武汉：长江出版社，2019.6（2023.1 重印）
（长江文明之旅丛书．山高水长篇）
ISBN 978-7-5492-6525-1

Ⅰ．①珍… Ⅱ．①李… Ⅲ．①长江流域—珍稀植物—介绍②长江流域—珍稀动物—介绍 Ⅳ．①Q948.525 ②Q958.525

中国版本图书馆 CIP 数据核字（2019）第 105366 号

项目统筹：张　树
责任编辑：冯曼曼　　苏密娅
封面设计：刘斯佳

珍奇生物
刘玉堂　王玉德　总主编　李卫星　编著
出版发行：上海科学技术文献出版社
地　　址：上海市长乐路 746 号　200040
出版发行：长江出版社
地　　址：武汉市解放大道 1863 号　430010
经　　销：各地新华书店
印　　刷：中印南方印刷有限公司
规　　格：710mm×1000mm　1/16
印　　张：10.5
字　　数：143 千字
版　　次：2019 年 6 月第 1 版　2023 年 1 月第 2 次印刷
书　　号：ISBN 978-7-5492-6525-1
定　　价：39.80 元